INVENTAIRE
S 35,333

Conserver la couv.

AF230330

MÉMOIRE

SUR

LES BRACHIOPODES

DU SYSTÈME SILURIEN SUPÉRIEUR D'ANGLETERRE,

Par M. Th. DAVIDSON;

SUIVI D'OBSERVATIONS

SUR QUELQUES BRACHIOPODES DE L'ILE DE GOTHLAND

ET

SUR DES LEPTÆNA A CROCHET PERFORÉ,

Par M. DE VERNEUIL.

EXTRAIT DU BULLETIN DE LA SOCIÉTÉ GÉOLOGIQUE DE FRANCE,
2ᵉ série, t. V, p. 309, séance du 5 mai 1848.

PARIS.

IMPRIMERIE DE L. MARTINET,

RUE JACOB, 30.

1848.

MEMOIRE

SUR LES BRACHIOPODES

DU SYSTÈME SILURIEN SUPÉRIEUR D'ANGLETERRE,

Par M. Th. DAVIDSON;

SUIVI D'OBSERVATIONS SUR QUELQUES BRACHIOPODES DE L'ÎLE DE GOTHLAND
ET SUR DES *LEPTÆNA* A CROCHET PERFORÉ,

Par M. DE VERNEUIL.

———

EXTRAIT DU BULLETIN DE LA SOCIÉTÉ GÉOLOGIQUE DE FRANCE,
2ᵉ série, t. V, p. 309, séance du 8 mai 1848.

———

Depuis quelques années des géologues et des paléontologistes du plus haut mérite se sont voués à l'étude des terrains anciens qui étaient demeurés dans l'obscurité, pendant que les terrains jurassique, crétacé et tertiaire étaient déjà passablement bien connus. Les travaux importants entrepris par Sir R. Murchison et M. Sedgwick en Angleterre ont fait faire le premier grand pas dans la connaissance de ces anciens dépôts qui sont si bien développés dans la grande-Bretagne. Le grand ouvrage intitulé *Silurian system* est, pour ainsi dire, la pierre fondamentale de tous les travaux qui ont suivi, et qui ont été entrepris avec tant de succès par différents géologues, et en particulier par l'auteur même du système silurien et par son infatigable et savant ami M. de Verneuil qui, par ses belles recherches paléontologiques, a pu confirmer et étendre sur une grande surface du globe les résultats généraux annoncés par Sir R. Murchison.

Il n'est pas surprenant que la partie paléontologique du *Silurian system* soit à réviser maintenant, quand on se rappelle que à l'époque où cet ouvrage parut M. Sowerby ne pouvait pas

1

posséder, sur une foule de genres et d'espèces, les connaissances que l'on a acquises depuis par la découverte d'un grand nombre d'échantillons et de pièces de comparaison qui lui manquaient alors. Excités par le retentissement qu'eut la publication du *Silurian system*, les collecteurs en Angleterre se sont mis de tous côtés à l'œuvre et ont découvert une foule de nouvelles formes, tant dans la classe des mollusques que dans celle des trilobites, des crinoïdes et des polypiers.

A une époque où la paléontologie, dans ses essais de généralisation, compare entre eux les différents continents, il nous paraît de la plus haute importance de faire connaître l'ensemble des matériaux que l'on possède aujourd'hui dans le pays qui a servi de type à l'établissement du système silurien. Mes recherches et mes nombreuses excursions dans nos régions siluriennes m'ont fait découvrir, soit dans le terrain même, soit dans les collections locales, un grand nombre d'espèces nouvelles que je désire faire connaître à la Société, en me limitant pour le moment à ce qui concerne les brachiopodes de l'étage silurien supérieur, cette partie de mon travail étant la plus avancée. Les animaux de cette classe sont d'ailleurs, comme on le sait, les plus abondants partout où les terrains anciens ont été examinés, et par conséquent les médailles les plus utiles à connaître, surtout pour les voyageurs qui parcourent une contrée trop à la hâte pour pouvoir en étudier la faune en détail.

Il est reconnu maintenant que plusieurs espèces ont vécu à travers les divers étages du système silurien, et se sont même perpétuées au-delà. Cependant, en Angleterre, les divisions proposées par Sir R. Murchison sont caractérisées par certaines espèces qui y sont plus abondantes ou qui leur sont propres, en sorte que ces divisions peuvent être utilement conservées, sans cependant qu'on y attache plus d'importance qu'elles ne le méritent.

En Irlande, M. Griffith et M. Mac Coy (1) semblent n'avoir pas pu tracer de limite entre les systèmes silurien inférieur et supérieur. Il est probable aussi, pour beaucoup de personnes, que le système silurien inférieur s'étend beaucoup plus bas que Sir R. Murchison ne l'avait d'abord pensé, et que par conséquent il doit comprendre la plus grande partie, sinon la totalité, du système cambrien, surtout quand on l'envisage sous le point de vue paléontologique. Des géologues très distingués, cependant, sont

---

(1) Griffith et M' Coy, *Silurian fossils of Ireland.*

portés à y distinguer deux systèmes, le premier comprenant les couches de *Ludlow, Wenlock* et *Caradoc*, le second les *Llandeilo flags* et les couches inférieures d'énorme épaisseur qui s'étendent même plus bas que la couche à *Lingules cornées* décrite par le professeur Sedgwick. Mais, comme je l'ai déjà remarqué, les corps organiques qui y sont enfouis ne semblent point justifier une pareille distinction. Sir Henry de la Bèche et plusieurs membres du *Geological survey* ont signalé une immense épaisseur de roches sans fossiles sous cette même couche à *Lingules cornées* ci-dessus citée. Ainsi il me semble que pour pouvoir partager tout ce terrain en deux ou plusieurs systèmes il faudrait que les corps organisés offrissent des distinctions plus tranchées.

Il reste beaucoup à faire avant que l'on puisse classer convenablement les fossiles qui se trouvent dans les différents étages, car on est loin encore de s'entendre convenablement sur les caractères génériques. Beaucoup d'espèces sont placées, tantôt dans un genre, tantôt dans un autre, ce qui conduit à une très grande confusion dans la nomenclature spécifique. Ces difficultés ne sont pas de celles qu'il soit facile d'aplanir quand chaque jour des découvertes nouvelles offrent à nos yeux des espèces qui possèdent des caractères communs à différents genres et qui, les reliant ensemble ou formant passage entre eux, démontrent de plus en plus la profonde sagesse de l'immortel naturaliste d'Upsal quand il disait :

« *Natura non facit saltum.* »

Il est assez probable qu'avec les recherches futures, et à mesure que les lacunes se rempliront, il deviendra de plus en plus difficile d'établir des distinctions arbitraires. Ainsi, pour ne parler que des brachiopodes, ne voyons-nous pas s'affaiblir de jour en jour ces grandes différences dont on se servait pour distinguer les genres *Productus, Chonetes, Orthis, Leptœna, Spirifer, Terebratula,* etc.? Ne se trouvent-ils pas de plus en plus rapprochés par une foule d'espèces intermédiaires, les unes possédant les formes extérieures d'un genre avec certains caractères internes d'un autre, de manière qu'on est embarrassé de leur assigner leur place? Nous citerons comme exemples l'*Orthis biloba* et l'*Orthis biforata* ou *lynx*, qui possèdent les caractères internes d'une *Orthis* et les formes extérieures d'un *Spirifer*. Le genre *Aulosteges* de M. Helmersen ne vient-il pas se placer entre les *Productus* et les *Orthis*?

La surface de ses valves n'est-elle pas couverte de tubes comme dans le premier, et sa valve ventrale, légèrement convexe, ainsi que son aréa, ne rappellent-elles pas le second ? Enfin on pourrait étendre ces exemples à l'infini pour démontrer combien on doit attacher peu de valeur absolue à la distinction de certains genres. Cependant la nécessité des coupes génériques est reconnue, et c'est en les fondant sur un ensemble de carac'ères bien observés, tirés souvent de la structure interne, que l'on parviendra à s'entendre sur la classification de cette multitude d'espèces que nous offre la nature.

Je ne puis partager entièrement l'opinion de ceux qui limitent la durée d'une espèce à un seul étage et qui ne veulent pas consentir à ce qu'elle ait pu dépasser cette limite. Cette loi ne peut s'étendre qu'aux grandes divisions des terrains, car il est évident pour moi que certaines espèces ont persisté pendant plus d'un étage, et que par conséquent elles n'y sont pas *toutes* caractéristiques. S'il y a quelques espèces qui ont survécu à plusieurs des divisions établies dans les terrains paléozoïques, n'en voyons-nous pas également dans le système jurassique qui sont communes à différents étages ? Vouloir par trop restreindre les limites absolues des espèces, c'est s'exposer à avoir recours à des caractères souvent faux ou puérils pour distinguer deux fossiles par cette seule raison qu'ils se trouvent dans deux étages différents.

Plusieurs paléontologistes d'un grand mérite, tels que MM. de Buch, de Verneuil, King, Barrande, de Koninck, d'Orbigny et d'autres, ont proposé pour les brachiopodes diverses classifications plus ou moins satisfaisantes; une foule de genres ont aussi été établis par différents auteurs et ont eu plus ou moins de durée dans la science; quelques uns, établis sur des observations trop légères, ont produit plus de mal que de bien. Quelque disposé que je sois à reconnaître le progrès que nos connaissances sur les brachiopodes ont fait dans ces dernières années, il m'est cependant impossible d'adopter entièrement aucune des classifications jusqu'ici proposées. Ces classifications ne pourront devenir définitives que lorsque la structure des parties intérieures de chaque espèce aura été plus complétement étudiée; mais dans l'état actuel de la science ne voyons-nous pas tous les jours réunir ensemble des espèces dont l'organisation interne est des plus disparates ? C'est, à mon avis, une imprudence de déterminer le genre de certaines espèces sans en connaître l'organisation intérieure, car souvent deux coquilles, offrant des formes à peu près semblables extérieurement, ont une organisation apophysaire totalement distincte et qui, selon les lois de la zoologie, ne permettrait pas de les classer dans le même genre.

M. d'Orbigny a proposé dernièrement, dans le tome XXV *des Comptes-rendus hebdomadaires de l'Académie des sciences*, une nouvelle classification des brachiopodes ou palliobranches, dans laquelle il a introduit un certain nombre de genres nouveaux.

Je ne doute point que beaucoup de ces coupes nouvelles ne soient admissibles, mais je préfère attendre l'apparition de son mémoire avant de le discuter entièrement, ne sachant pas suffisamment sur quelles bases quelques uns de ces genres sont fondés; car les caractères assignés dans la courte analyse de son mémoire ne sont pas assez explicites pour qu'on ne puisse craindre d'en faire un double emploi.

Ayant reçu la visite de l'auteur, nous avons passé en revue tous mes brachiopodes siluriens, et il a eu la bonté de me dire auquel de ses genres il rapportait mes espèces. J'ai reproduit ses déterminations dans une colonne séparée, mais je n'ai pas cru, pour le moment, devoir me servir des genres qu'il propose. Peu de mots suffiront pour en expliquer les raisons.

M. d'Orbigny range dans le genre *Strophomena* le *Leptæna depressa* ou *rugosa*, qui pour lui est le *Strophomena rhomboidalis*; il place cette espèce parmi les *Strophomena* parce qu'elle possède une petite ouverture ronde (qui est rarement visible) au crochet de la grande valve. Cette même espèce est identique à celle qui se trouve dans les systèmes dévonien et carbonifère, ainsi qu'il est facile de s'en convaincre en étudiant les intérieurs dans la magnifique collection de M. de Verneuil. Cependant M. d'Orbigny pense que ces coquilles dévonienne et carbonifère sont distinctes de l'espèce silurienne, et les range dans le genre *Leptagonia* (M. Coy), dont le caractère est d'avoir les deux valves coudées. Il place aussi dans le genre *Strophomena* mes *Leptæna scabrosa* et *antiquata* qui possèdent quelquefois un trou au crochet de la valve dorsale. Il est possible que par la suite on puisse séparer ces trois espèces du genre *Leptæna*, mais pour le moment je pense qu'il serait prudent de les y laisser, puisque le *L. euglypha*, qui par ses caractères internes est très rapproché du *L. depressa*, ne possède pourtant pas de trou au crochet. Quant aux *Spirifer*, je ne pense pas qu'on doive en détacher le genre *Cyrthia* qui a été généralement abandonné.

Parmi les coquilles térébratuliformes, M. d'Orbigny a fait de notables réformes, et je suis tout disposé à admettre que ce que l'on considérait jadis comme Térébratule comprend des coquilles d'organisation différente, et qu'il devient nécessaire de les ériger en genres distincts. Cependant je ne désire admettre ces nouvelles coupes qu'après que leurs titres génériques auront été confirmés par l'examen exact des parties intérieures.

J'ai donc, comme l'ont fait MM. de Verneuil et Barrande, laissé provisoirement toutes mes espèces térébratuliformes dans le genre *Terebratula*.

Le premier grand pas qu'on ait fait dans l'étude de ces coquilles fut la découverte due à MM. Sowerby (1), Deshayes (2), Carpenter (3) et autres, que certaines espèces étaient ponctuées, pendant que d'autres ne l'étaient pas. Ce caractère ayant la plus grande importance, puisqu'il influe sur la structure et la manière de vivre et de respirer de l'animal, s'est trouvé être en rapport avec des différences tranchées dans la forme des appendices internes destinés à soutenir les bras ciliés (4). Ce fut alors que l'on proposa le nom générique de *Hypothyris* pour les espèces non ponctuées et qui sont ordinairement ornées de plis rayonnants. Maintenant M. d'Orbigny propose le nom d'*Hemithiris* pour des coquilles qui me paraissent être les mêmes que les précédentes et dans lesquelles se rangent plusieurs de nos espèces siluriennes.

Vient ensuite le genre *Spirigera* que le même auteur établit pour les coquilles qui possèdent des spires internes placées de la même manière que dans les *Spirifer*, mais qui ont des appendices et des détails d'organisation essentiellement différents. Ces espèces, parmi lesquelles nous trouvons les *Terebratula tumida, Circe, concentrica, subconcentrica, Roissyi, pectinifera, ambigua, Helmerseni, Pelapayensis, Campomanesi Ferronesensis, Ezquerra, Hispanica*, ont déjà été distinguées par M. de Verneuil comme devant former une section à part, qu'il a nommée la section des *Concentricæ*. Je suis de l'opinion de M. d'Orbigny qu'elles doivent constituer un genre. L'étude minutieuse que M. Bouchard a faite de la *Terebratula concentrica*

(1) M. Sowerby, M. C. et Lamarck (*Anim. sans vert.*), 1819.
(2) M. Deshayes, nouvelle édition de Lamarck, 1836, vol. VII.
(3) Carpenter, *Annals and Mag. of nat. hist.*, n° 79, déc. 1843.
(4) M. d'Orbigny, *Considérations zoologiques et géologiques sur les Brachiopodes; Annales des sciences nat.*, oct. et nov. 1847, p. 255.

T. Davidson del et lith.

Imp. Kaeppelin & Cⁱᵉ

1	Productus	Kænoolegie D	7	Leptæna	Deucalii D	13	Leptæna	scabrosa D	19	Orthis	Lewisii D	26	Terebratula	tumida	32	Terebratula	Barrandei D	38	Terebratula	Bouchardii D	44	Lingula	Lewisii
2	Chonetes	striatella	8	L.	umbra	14	Orthis	equivalvis D	20	O.	Bouchardii O	27	T.	Cirro	33	T.	Grayii	39	Pentamerus	linguiferus D	45	Orbicula	Forbesii D
3	Leptæna	depressa	9	L.	fulva D	15	O.	rustica	21	O.	hybrida	28	T.	Pamelia D	34	T.	Capewellii D	40	Spirifer	spurius	46	O.	Morrisii D
4	L.	compsina	10	L.	transversalis	16	O.	pecten	22	O.	elegantula	29	T.	Baylei D	35	T.	reticularis	41	S.	sulcatus	47	O.	Verneuilii D
5	L.	foveolata D	11	L.	antiquata D	17	O.	Orbignyi D	23	O.	sinuata	30	T.	Lewisii D	36	T.	sphaerica	42	S.	crispus	48	Crania	Sedgwickii
6	L.	Waltoni D	12	L.	Fletcheri D	18	O.	biloba D	24	O.	biforata D	31	T.	Salteri D	37	T.	nitida	43	S.	trapezoidalis			

ne m'en laisse aucun doute ; mais ce genre n'ayant pas encore été convenablement caractérisé, je m'abstiendrai de l'adopter dans ce petit mémoire, qui n'est pour ainsi dire qu'un résumé d'un plus grand travail que je publie en ce moment dans le *London geological Journal.*

Quant au genre *Atrypa*, il a été si mal compris par tous les auteurs, sans en excepter son fondateur, qu'il a servi de réceptacle à tout ce que l'on ne connaissait pas ; la *Terebratula affinis* ou *reticularis*, que l'auteur avait prise pour type, ne possédant pas les caractères qu'il assignait à son genre, a reçu de M. d'Orbigny le nom générique de *Spirigerina.*

Je ne contesterai pas la nécessité de former de ces dernières coquilles un genre distinct des Térébratules par la position toute particulière de leurs spires. Le genre *Terebratula*, proprement dit, ne renfermerait plus alors que les espèces sans aréa, ayant une ouverture ronde qui entame plus le crochet que le deltidium, et possédant un test perforé et des appendices internes coudés. Les véritables Térébratules ainsi conçues sont rares dans les terrains paléozoïques. Je n'en connais que trois ou quatre espèces dans l'étage supérieur du système silurien d'Angleterre.

Dans les Orbicules, M. d'Orbigny a fait plusieurs genres ; en ce moment je ne puis admettre que les genres *Orbicula* et *Trematis* de M. Sharpe (*Orbicella* de M. d'Orbigny). Le premier seul se trouve dans le système silurien supérieur.

D'après ce que nous venons de dire, on voit que provisoirement nous avons rangé tous les brachiopodes du système silurien supérieur d'Angleterre dans les genres suivants :

Productus, Chonetes, Leptæna, Orthis, Spirifer, Terebratula, Pentamerus, Lingula, Crania, et *Orbicula.*

DESCRIPTION DES ESPÈCES.

1. PRODUCTUS TWAMLEYII, Dav., pl. III, fig. 1.
    London geol. Journ., pl. XXVI, fig. 1.

Coquille transverse, gibbeuse, portion antérieure déprimée et onduleuse ; surface ornée de nombreuses stries longitudinales très fines où l'on aperçoit irrégulièrement çà et là des tronçons d'épines. Les oreillettes sont aplaties et assez nettement séparées du reste de la coquille ; charnière plus courte que la coquille. Longueur 22, largeur 30, profondeur 18 millimètres.

Cette espèce a été découverte par M. Gray dans le calcaire de Dudley. Elle n'est pas la seule qui ait été signalée dans les dépôts siluriens de la Grande-Bretagne. M. Mac Coy dans son

Synopsis des fossiles siluriens de l'Irlande décrit deux autres espèces, le *Productus moniliferus* (M' Coy) et le *P. tenuicinctus* (M' Coy).

Sur le continent, ainsi qu'en Amérique, les *Productus* étaient complétement inconnus dans les dépôts de cet âge, et il était généralement admis jusqu'à présent qu'ils n'avaient paru qu'à l'époque dévonienne.

2. Chonetes striatella, pl. III, fig. 2.
  London geol. Journ., pl XXVII, fig. 2.

 Orthis striatella Dalman, 1827.
 Leptæna lata, Sow. in Murch., *Silur. syst.*
 Productus sarcinulatus partim Buch.
 Pectunculi plani flabelliformes Bruckmann.
 Pectunculiten Walch., 1769.
 Calcareus testaceus Brugmans.

Cette espèce, comme on le voit, a passé successivement dans différents genres, ce qui prouve combien MM. de Verneuil et de Koninck ont eu raison d'en faire un genre nouveau. M. de Koninck, dans sa magnifique monographie des genres *Productus* et *Chonetes*, a fait ressortir, page 200, les caractères qui distinguent cette espèce du *Chonetes sarcinulata*, qui paraît, d'après cet auteur, bien distinct de l'espèce silurienne. Cette dernière est bien celle que Dalman a figurée sous le nom d'*Orthis striatella*. M. de Koninck ayant décrit cette espèce avec le plus grand soin, je ferai seulement remarquer qu'en Angleterre elle est commune à tous les étages du système silurien supérieur, tels que Ludlow, Aymestry et Wenlock; elle atteint des dimensions assez fortes dans l'Aymestry limestone de Sedgeley, près de Wolverhampton.

3. Leptæna depressa, pl. III, fig. 3.
 Anomites rhomboidalis (Wahl.).
 Leptæna rugosa, Dalman.
 Strophomena rhomboidalis, d'Orb.
 Leptæna depressa, Dav., *Lond. geol. Journ.*, p. 54, pl. XII, fig. 12-14; et pl. XXVI, fig. 2.

Sur le crochet de la valve dorsale de cette espèce se trouve quelquefois une petite ouverture semblable à celle qui existe dans les *Leptæna alternata*, *plano-convexa* et *sulcata* d'Amérique, dans le *L. Loveni* de Gothland, ainsi que chez les *L. scabrosa* et *antiquata* d'Angleterre et chez le *L. liasiana* Bouchard, du lias de France.

C'est de toutes ces coquilles que M. d'Orbigny a fait son genre

Strophomena. Puisque l'on voit très souvent des *Leptæna depressa* sans cette ouverture, je pense qu'à un certain âge cette espèce a pu vivre à l'état libre, ou que du moins elle n'était attachée par aucunes fibres musculaires sortant du bout du crochet. En Angleterre cette espèce est très variable et atteint des dimensions assez considérables; l'échantillon le plus grand que je connaisse a en longueur 30 millimètres et en largeur 90, les ailes seules occupant les deux tiers de la longueur.

4. Leptæna euglypha, pl. III, fig. 4.

    Leptæna euglypha, Dalman, p. 108, tab. 1, fig. 3.
    —   —   Davidson, *Lond. geol. Journ.*, p. 56, pl. XII,
    fig. 12-15; pl. XXVI, fig. 2.

Cette espèce, comme je l'ai remarqué dans l'ouvrage susmentionné, a la valve ventrale convexe et la dorsale concave, ce qui est le contraire du *Leptæna depressa*. Le deltidium est extrêmement étroit et lancéolé. Le crochet ne paraît pas avoir de trou. Elle se trouve en Angleterre à la fois dans le calcaire d'Aymestry et de Wenlock, et est absolument la même que celle que l'on trouve en Gothland et en Bohême.

5. Leptæna funiculata, pl. III, fig. 5.
    Orthis funiculata, M' Coy, *Silurian fossils of Ireland*, pl. III,
    fig. 11.
    Leptæna funiculata, Dav., *Lond. geol. Journ.*, pl. XII, fig. 6-8.

Cette espèce ne diffère du *L. euglypha* que par ses formes extérieures, car son intérieur est exactement le même. Ainsi elle est plus large en proportion et moins longue que le *L. euglypha*. Les proportions des deux espèces seraient ceci:

    L. euglypha, long. 45, larg. 60, profondeur de la partie coudée 45 millim.

    L. funiculata, long. 15, larg. 30, profondeur de la partie coudée 9 millim.

Cette espèce se trouve aussi généralement dans les mêmes localités où l'on trouve le *L. euglypha*.

6. Leptæna Waltonii (Davidson), pl. III, fig. 6.
    Lond. geol. Journ., pl. XXVI, fig. 3.

Coquille semi-circulaire, très légèrement convexe, ornée de nombreuses petites côtes ou stries qui sont séparées entre elles par de plus fines encore.

Valve ventrale légèrement concave, valve dorsale convexe, aréa moins large que la coquille, deltidium identique à celui du *L. funiculata*.

Cette jolie espèce a été découverte par M. Walton de Bath dans les couches des Wenlock shales de Falfield.

7. Leptæná Duvalii, Dav., pl. III, fig. 7.
   Lond. geol. Journ., pl. XII, fig. 20, 21.

Coquille déprimée ou légèrement convexe, transversalement allongée. Surface ornée de 15 à 20 grandes stries avec un nombre variable de plus petites entre les grandes.

Cette espèce diffère du *L. transversalis* par sa plus grande longueur, relativement à sa largeur, par son crochet bien moins recourbé et par le nombre moins considérable de ses stries. J'ai dédié cette élégante espèce à M. Duval de Gentilly ; elle a été trouvée dans les couches du Wenlock limestone de Walsall. Long. 10, larg. 35, convexité 4 millim.

8. Leptæna imbrex, pl. III, fig. 8.
   Lond. geol. Journ., pl. XII, fig. 25-27 ; pl. XXVI, fig. 6.
   Plectambonites imbrex, Pander, tab. 19, fig. 12.
   Leptæna imbrex, de Vern., *Géol. de la Russ.*, p. 230, pl. 15, fig. 3.
   Orthis imbrex, V. Buch, *Mém. Soc. géol. de France*, vol. IV, p. 12, fig. 27.

Cette espèce, parfaitement décrite par M. de Buch et M. de Verneuil, semble offrir deux variétés très remarquables, l'une arrondie en avant, l'autre géniculée ; la première seule se trouve en Angleterre, où cette espèce atteint les dimensions suivantes : long. 50, larg. 60, prof. 35 millim.

Elle est assez rare ; je ne l'ai trouvée jusqu'ici que dans les environs de Walsall et à Benthall Edge. M. de Verneuil en possède de magnifiques échantillons de Gothland qui sont les mêmes que ceux d'Angleterre.

La variété géniculée est propre aux couches siluriennes inférieures de la Russie septentrionale.

9. Leptæna filosa, pl. III, fig. 9.
   Lond. geol. Journ., pl. XIII, fig. 24 ; pl XXVII, fig. 1.
   Orthis filosa, Sow. in Murch., *Sil. syst.*

Par la forme de la coquille et par les empreintes musculaires que l'on aperçoit dans l'intérieur, il me semble que cette espèce doit être placée dans les *Leptæna* ; la valve dorsale est légèrement convexe et la valve ventrale légèrement concave. Long. 35, larg. 45, épaisseur 3 millim.

10. Leptæna transversalis, pl. III, fig. 10.
   Lond. geol. Journ., pl. XII, fig. 17, et pl. XXVII, fig. 2.

Cette espèce varie beaucoup dans sa forme générale, comme

on peut l'apercevoir par les figures citées. Long. 20, larg. 27, convexité 11 millim.

11. Leptæna scabrosa, pl. III, fig. 13.

Orthis scabrosa, Dav., *Lond. geol. Journ.*, pl. XIII, fig. 15.

Coquille épaisse, irrégulière, d'une forme semi-elliptique, valve ventrale convexe, valve dorsale plate ou légèrement concave; côtes, à peu près 50. Cette espèce possède un trou au crochet de la valve dorsale et serait un *Strophonema*, selon M. d'Orbigny. Long. 33, larg. 47.

J'ai trouvé cette espèce dans le Wenlock limestone de Dudley et de Benthall Edge.

12. Leptæna antiquata, pl. III, fig. 11.
Lond. geol. Journ., pl. XXVI, fig. 5.
Orthis antiquata, Sow. in Murch., *Sil. syst.*, pl. XIII, fig. 13.
Leptæna Lewisii, Dav. *Lond. geol. Journ.*, pl. XII, fig. 22-24.

Par son intérieur et son trou au crochet, cette espèce se place naturellement à côté du *L. scabrosa*, mais elle en diffère complétement sous d'autres rapports. Long. 30, larg. 40. Elle se trouve à Walsall, Benthall Edge, etc.

13. Leptæna Fletcheri, Davidson, pl. III, fig. 12.
Lond. geol. Journ., pl. XII, fig. 9, 10.

M. de Verneuil a rapporté cette espèce de Gothland; elle paraît rare en Angleterre; je ne l'ai trouvée jusqu'ici qu'à Benthall Edge.

14. Leptæna minima, Sow., *Sil. syst.*, pl. XIII, fig. 14.
Lond. geol. Journ., pl. XII, fig. 29.

15. Leptæna lævigata, Sow., *Sil. syst.*, pl. XIII, fig. 3.
Lond. geol. Journ., pl. XII, fig. 30.

16. Leptæna sericea, Sow.

On m'a dit que cette espèce se trouve dans le silurien supérieur, mais je ne l'ai jamais vue : c'est une espèce qui me semble assez mal caractérisée.

17. Leptæna lepisma, Dalman.
Sow. in Murch., *Sil. syst.*, pl. VIII, fig. 7.

Ces quatre dernières espèces paraissent rares; les deux premières n'existent que dans la collect on que Sir R. Murchison a donnée à la Société géologique de Londres.

ORTHIS.

Bien que je n'aie pas une opinion parfaitement arrêtée encore sur la convenance qu'il y aurait à réunir, comme le fait M. d'Orbigny dans le genre *Leptæna*, toutes les espèces qui ont l'ouverture triangulaire du milieu de l'aréa fermée par un deltidium, je n'en reconnais pas moins l'importance de ce caractère. Je suivrai en cela l'exemple de M. de Verneuil, qui le premier a fait une section à part pour ces espèces d'Orthis (*Voyez* Géologie de la Russie).

Nous suivrons aussi sa classification des Orthis, et nous disposerons nos espèces de la manière suivante :

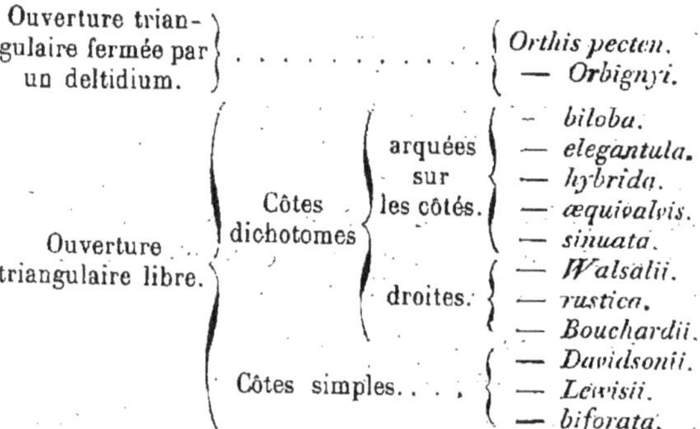

18. ORTHIS PECTEN, pl. III, fig. 16.

> *Orthis pecten*, Dalman, Hisinger, tab. 20, fig. 6.
> *Lond. geol. Journ.*, pl. XIII, fig. 13-23 ; pl. XXVII, fig. 3.

Cette espèce atteint quelquefois, en Angleterre, des dimensions considérables, telles que : longueur 50, largeur 90. convexité 15 millim.

La valve dorsale est presque plate et la ventrale légèrement convexe ; chacune d'elles possède une aréa de hauteur peu inégale, ce qui distingue cette espèce de l'*Orthis umbraculum.* Elle se trouve dans le Wenlock limestone de Walsall ainsi que dans l'île de Gothland et dans le système silurien inférieur en Westrogothie.

19. ORTHIS ORBIGNYI, Dav., pl. III, fig. 17.
> *Lond. geol. Journ.*, pl. XXVII, fig. 7.

Par ses formes extérieures, cette espèce se rapproche de l'*Orthis pecten ;* mais elle en diffère par les empreintes muscu-

laires; sa forme est aussi moins allongée et plus transverse.
Long. 15, larg. 30, convexité 8.

Cette espèce se trouve dans le Wenlock limestone de Dudley.

20. Orthis biloba, pl. III, fig. 18.
    Lond. geol. Journ., pl. XXVII, fig. 8.

    Anomia biloba, Linneus, *Syst. nat.*, p. 1154.
    Spirifer cardiospermiformis, *S. varica* et *S. sinuata*, etc.

La découverte que j'ai faite d'échantillons où j'ai pu voir l'intérieur de cette espèce m'a convaincu que sa place est parmi les Orthis et non parmi les Spirifères, où presque tous les auteurs l'avaient placée. Les plus grands échantillons d'Angleterre ont : long. 11, largeur 10 millim. ; elle varie beaucoup de formes. Elle se trouve dans le calcaire de Dudley et dans les couches qui lui sont parallèles en Gothland et dans l'État de New-York.

21. Orthis elegantula, pl. III, fig. 23.
    Lond. geol. Journ., pl. XIII, fig. 9-11.

    O. elegantula, Dalm., tab. 2, fig. 6, *a*, *c*.
    O. canalis, Sow., *Sil. syst.*, pl. XX, fig. 8.

En Angleterre, les plus grands individus qui se trouvent à Falfield ont : long. 22, larg. 20. Elle se trouve en Gothland et en Amérique dans le système silurien supérieur.

22. Orthis hybrida, pl. III, fig. 22.
    Sow., *Sil. syst.*, pl. XIII, fig. 11 ; *Lond. geol. Journ.*, pl. XIII, fig. 14.

Cette espèce atteint en Gothland des dimensions quatre fois plus fortes qu'en Angleterre, comme on peut l'apercevoir par les échantillons que M. de Verneuil a rapportés de ce pays. En Angleterre elle ne dépasse pas : long. 10, larg. 11, épaisseur 6 millim.

C'est, comme la précédente, une espèce qu'on retrouve en Amérique dans les dépôts siluriens supérieurs.

23. Orthis æquivalvis, Dav., pl. III, fig. 14.
    Lond. geol. Journ., pl. XXVII, fig. 5.

Depuis la publication de cette espèce dans le journal géologique, M. J. Hall a publié en Amérique une autre espèce sous ce même nom. Valves presque également convexes, la dorsale un peu plus élevée et convexe vers le crochet que la ventrale, son aréa un peu plus large et plus recourbée, s'élevant un peu plus haut que le crochet de la valve opposée ; l'aréa est plus courte que la longueur totale de la coquille ; la surface des valves est ornée de nombreuses petites côtes qui se bifurquent. Long. 21, larg. 25, épaisseur 8.

Cette jolie espèce a été trouvée par MM. Gray, Capewell et Bouchard dans les couches du calcaire de Wenlock, à Walsall. L'échantillon figuré provient de la collection de M. Gray. Cette espèce est très rare.

24. Orthis sinuata, pl. III, fig. 24.

> O. *sinuata* et *occidentalis*, J. Hall, *Palæontology of New-York*, p. 128, pl. XXXII B, fig. 2.

Cette espèce n'avait pas encore été citée en Angleterre ; elle est entièrement identique avec l'espèce trouvée en Amérique. Elle provient, en Angleterre, des couches siluriennes de Wenlock, et n'a été trouvée jusqu'ici qu'à Walsall où elle est fort rare. En Amérique elle est au contraire très abondante dans les États d'Ohio, d'Indiana et de Tennessée ; mais elle appartient à des couches plus anciennes, c'est-à-dire au système silurien inférieur. Elle y est souvent appelée *O. formosa*.

25. Orthis Walsallii, Dav. pl. IV (voyez plus loin, p. 339), fig. 7.

> *Lond. geol. Journ.*, pl. XXVII, fig. 9.

Presque semi-circulaire, déprimée ; les valves ornées de nombreuses stries très peu élevées, bifurquées généralement à partir de la moitié de la valve ; valve dorsale convexe ; valve ventrale également, mais à un bien moindre degré ; aréa peu élevée et presque aussi longue que la plus grande largeur de la coquille. Long. 26, larg. 35, épaisseur 8 millim. Cette espèce a été trouvée par M. Gray dans le Wenlock limestone de Walsall où elle est rare. Elle se distingue facilement de l'*Orthis rustica* par ses côtes plus serrées.

26. Orthis rustica, pl. III, fig. 15.

> *Orthis rustica*, Sow., *Sil. syst.*, pl. XII, fig. 9 ; Dav., *Lond. geol Journ.*, pl. XIII, fig. 1-4, 16, 17 ; pl. XXVII, fig. 11, 12.

Je pense que l'on peut bien établir deux variétés dans cette espèce ; celle que M. Sowerby a figurée dans le *Silurian system* serait l'*O. rustica* type, et l'autre espèce, qui se trouve à Walsall, la variété *rigida* (Davidson, *Lond. geol. Journ.*, pl. XIII, fi. 1-4.). Long. 34, larg. 37, épaisseur 25 millim.

27. Orthis Bouchardii, Dav., pl. III, fig. 20.

> *Lond. geol. Journ.*, pl. XIII, fig. 5-8.

Coquille d'une forme presque carrée, épaisse, un peu plus

large que longue ; valve ventrale creusée par une dépression
médiane ; aréa de la valve dorsale très élevée ; surface ornée de
5 ou 6 fortes côtes imbriquées et dichotomes. Long. 13, larg. 14,
épaisseur 7 millim. J'ai trouvé cette jolie espèce dans le Wenlock limestone de Benthall Edge, et je l'ai dédiée à M. Bouchard
de Boulogne-sur-Mer.

28. Orthis Davidsoni, Verneuil, pl. IV, fig. 9.
   Orthis calligramma, Davidson, *Lond. geol. Journ.*, pl. XXVII,
      fig. 6.

Dans le *London Geological Journal* j'ai décrit cette espèce
comme identique avec l'*Orthis calligramma*. Mais M. de Verneuil m'a montré dans sa collection la véritable *O. calligramma*
du calcaire silurien inférieur de Russie et de Suède. Elle diffère de celle qui nous occupe par la petitesse de son aréa et par
la courbure du crochet de la valve dorsale dont la pointe vient
se placer dans l'axe longitudinal de la coquille. M. de Verneuil
a trouvé dans le terrain silurien de l'île de Gothland une Orthis
tout à fait semblable à la nôtre et lui a donné notre nom.
Long. 25, larg. 25, prof. 10 millim. Cette espèce a été trouvée
dans le Wenlock limestone de Walsall où elle est rare.

29. Orthis Lewisii, Davidson, pl. III, fig. 19.
   Lond. geol. Journ., pl. XXVII, fig. 4.

Coquille presque circulaire, convexe, déprimée vers le centre,
ornée de côtes simples ; aréa de la valve dorsale très forte et
non recourbée ; aréa de la valve opposée égale en hauteur à la
moitié de celle de l'autre valve. Elle est très voisine de l'*O. Da-
vidsonii* et ne s'en distingue que par le plus grand développement de l'aréa de la valve ventrale ; elle est aussi plus petite.

30. Orthis biforata, pl. III, fig. 25.
   Ter. biforatus, Schloth., 1820.
   Atrypa dorsata, Hisinger.
   Spirifer biforatus ou *lynx*, Eichwald, Verneuil, Buch, etc.

Cette espèce, après avoir été l'objet de beaucoup de doutes
pour différents auteurs à cause de sa double ressemblance avec un
Spirifer et avec une Orthis, doit cependant être rangée parmi ces
derniers, dont elle possède les caractères internes. Elle est très rare
dans notre système silurien supérieur d'Angleterre ; je ne la connais que du Wenlock limestone de Walsall. Elle y est petite ainsi

que dans l'île de Gothland, et ne paraît pas atteindre les dimensions qu'elle prend dans le système silurien inférieur de Russie, et surtout dans l'Amérique du nord. Longueur 25, largeur 30, épaisseur 17.

31. SPIRIFER CYRTÆNA.

Delthyris cyrtæna, Dalman, tab. 3, fig. 4.
Spirifer radiatus, Sow. in Murch., *Sil. syst.*, pl. XII, fig. 6.

Cette espèce est très variable dans sa forme et ses dimensions, qui seraient ainsi : longueur 42, largeur 57, épaisseur 35, quand le bourrelet au front est très relevé ; ou longueur 30, largeur 60, épaisseur 24, avec le bourrelet peu élevé.

32. SPIRIFER INTERLINEATUS, Sow. in Murch., *Sil. syst.*, pl. VI, fig. 6.

Les figures publiées par M. Sowerby ne donnent pas une bonne idée de cette espèce, qui atteint des dimensions presque aussi considérables que le *Sp. cyrtæna*. Cette espèce semble se lier avec la précédente par de nombreux passages ; on peut cependant l'en distinguer par une forme plus circulaire et moins ailée, et par ses plis onduleux recouverts de stries. Ses dimensions les plus grandes sont : longueur 35, largeur 40, épaisseur 25 millimètres.

33. SPIRIFER TRAPEZOIDALIS, pl. III, fig. 43.

Cyrtia trapezoidalis, Dalman, *Acad. Holm*, 1827, Pl. III, fig. 2.

Cette espèce, dans son aspect et ses proportions, est identique en Angleterre avec l'espèce de Gothland et de Bohême. Son aréa varie beaucoup. Tantôt elle est peu élevée, et alors la coquille ressemble au *Sp. cyrtæna*, et ne paraît en différer que par la forme du deltidium qui n'offre aucune ouverture visible, mais seulement une dépression qui règne à partir du crochet sur sa plus grande partie ; d'autres fois, l'aréa est très grande, triangulaire et perpendiculaire à la valve ventrale, ou même légèrement rejetée en arrière. Les dimensions en Angleterre sont : longueur 25, largeur 30, épaisseur 25 millimètres, dont 20 seraient occupés par l'aréa.

34. SPIRIFER SPURIUS (Barrande), pl. III, fig. 40.

Spirifer octoplicatus, Sow. in Murch., *Sil. syst.*, pl. XII, fig. 7.

Le nom d'*octoplicatus* ayant déjà été adopté pour une espèce du lias, il doit être abandonné. M. de Barrande a donné le nom de *Sp. spurius* à une espèce de Bohême qui paraît identique avec la nôtre et qui offre quatre, cinq et même six plis de chaque côté du bourrelet, selon les échantillons. Cette espèce est très variable en Angleterre. Trois échantillons nous donnent les dimensions suivantes :

Long. 19, larg. 25, épaisseur 16 millim.
Long. 16, larg. 15, épaisseur 13 *id*.
Long. 8, larg. 19. épaisseur 5 *id*.

35. SPIRIFER CRISPUS (Hisinger), pl. III, fig. 42.

    Anomia crispa, Linné, 1767, *Syst. nat.*
    Spirifer crispus, Sow. in Murch., *Sil. syst.*, pl. XII, fig. 8.

Cette espèce est le véritable *Spirifer crispus* que j'ai vu dans la collection de Linné qui se trouve à Londres. Son échantillon venait de Gothland. D'après des échantillons du calcaire de montagne de Visé que je dois à l'obligeance de M. de Koninck, je me suis assuré que ce qu'il avait rapporté au *S. crispus* diffère notablement de l'espèce silurienne. Celle-ci se retrouve en Amérique dans l'étage de Niagara qui correspond exactement à celui des couches de Wenlock et de Gothland. Long. 12, larg. 16, épaisseur 9 millim.

36. SPIRIFER SULCATUS, pl. III, fig. 44.

    Delthyris sulcata, Hisinger, *Lethea Succica*, p. 73, tab. XXI, fig. 6.

Cette espèce n'avait pas encore été signalée en Angleterre ; elle est identique avec l'espèce de Gothland et se trouve à Dudley et à Benthall Edge. Elle est rare. Long. 11, larg. 20, épaiss. 8 millim.

Elle est généralement plus petite et se trouve avec la précédente dans les calcaires et schistes de Niagara.

37. SPIRIFER PISUM, Sow. in Murch., *Sil. syst.*, pl. XIII, fig. 9.

Le classement de cette espèce parmi les Spirifères a été l'objet de doutes pour quelques paléontologistes. M. d'Orbigny la place dans son genre *Spirigera*. Cependant la forme parfaite de son aréa, l'ouverture qui s'y trouve et ses spires arrangées à la manière des Spirifères me portent à la laisser dans ce genre. Long. 10, larg. 11, épaisseur 9.

BIBLIOTHÈQUE NATIONALE R. F.

2

TÉRÉBRATULES.

En attendant le classement de toutes les coquilles térébratuliformes dans les différents genres proposés, sur lesquels
mes études ne me permettent pas encore de me prononcer dé-
finitivement, je partage ces coquilles en lisses et en plissées.

Lisses.

38. Terebratula tumida, pl. III, fig. 26.

T. tumida, Dalman; *T. tenuistriata*, Sow. in Murch., *Sil. syst.*

L'organisation interne de cette espèce, aussi bien que celle
des *T. Circe, concentrica,* etc,, rentre dans le genre *Spirigera*
de M. d'Orbigny. Il est probable qu'avec le temps on sera obligé
de reconnaître dans ces espèces et d'autres semblables un genre
séparé. Quant à moi, l'étude consciencieuse que M. Bouchard
a faite depuis longtemps de l'intérieur de la *T. concentrica* ne
me laisse aucun doute. En Angleterre cette espèce atteint des
dimensions très fortes; elle est aussi très variable dans sa forme
et sa gibbosité. Sur quelques centaines d'échantillons qui me
sont passés par les mains, je n'ai pu voir les stries dont parle
M. Sowerby. Long. 50, larg. 50, épaisseur 37 millim.

39. Terebratula Circe, pl. III, fig. 27.

T. Circe, Barrande, *Sil. Brach. aus Boehmen*, tab. XVI, fig. 6.

Cette espèce, qui se trouve aussi en Bohême, a été décrite
pour la première fois par M. Barrande. La *T. passer* du même
auteur, figurée tab. XVI, fig. 2, se rapproche aussi un peu
de la nôtre; mais en comparant mes échantillons avec ceux que
M. Barrande a eu l'obligeance de m'envoyer, j'ai pu m'assurer
que notre espèce est bien la *T. circe*. M. de Verneuil partage
aussi mon opinion. Long. 15, larg. 10, épaisseur 10.

Elle se trouve dans le Wenlock limestone de Walsall où elle
paraît rare.

40. Terebratula didyma (Dalman), tab. VI, fig. 7.

Cette espèce, selon M. d'Orbigny, rentrerait dans son genre
Hemithiris par l'ouverture que l'on aperçoit sous le crochet
entier. Il est difficile de distinguer cette ouverture dans nos
échantillons d'Angleterre dont le crochet paraît plus recourbé

et resserré; cependant je ne pense pas qu'on puisse les rapporter
à une autre espèce. Long. 23, larg. 20, épaisseur 15 millim.

41. Terebratula nitida, pl. III, fig. 37.
>   *T. nitida*, J. Hall, *Geol. of the state of New-York*, pl. XII,
>   fig. 5.

Cette espèce a un trou rond au crochet et des apophyses cal-
caires en spirale; elle se trouve à Walsall, en Angleterre, en
Gothland et aux États-Unis dans l'étage du calcaire de Wenlock.
Long. 11, larg. 7, épaisseur 5.

42. Terebratula compressa, Sow., *Sil. syst.*, non Sow. M. C.

Je serais obligé de changer ce nom si je pensais que cette
espèce dût rester dans le genre Térébratule proprement dit,
puisqu'il y a déjà une *T. compressa* dans le terrain crétacé ;
mais comme il est très probable qu'elle rentrera dans un autre
genre très prochainement, je préfère lui laisser ce nom que
M. Barrande a aussi adopté.

Cette espèce se trouve en Bohême, comme en Angleterre,
dans le système silurien supérieur.

43. Terebratula depressa, Sow. in Murch., *Sil. syst.*, pl. XIII, fig. 6.

44. Terebratula obovata, Sow., *Sil. syst.*, non Sow. M. C.

De même que pour la *T. depressa*, il existe une autre
espèce de térébratule qui porte ce nom dans les couches jurassiques.

45. Terebratula Capewellii, Davidson, pl. III, fig. 34.

Coquille plus longue que large, de forme presque arrondie
ou ovale; crochet de la valve dorsale très recourbé ne laissant
voir aucune ouverture; sinus large, peu profond; bourrelet peu
élevé et arrondi. Ces valves sont ornées d'un treillage en forme
de losanges plus ou moins régulières, qui donne au test de cette
coquille une structure très remarquable, et qui est visible même
sans le secours de la loupe. Long. 12, larg. 14, épaiss. 7 mill.
Cette jolie espèce a été aussi trouvée à Lockport, en Amérique,
dans le *Niagara group* par M. de Verneuil. Je la dédie à
M. Capewell de Wolverhampton qui l'a découverte dans le
Wenlock limestone de Hay Head, près de Walsall, où je l'ai
trouvée aussi.

46. Terebratula læviuscula, Sow. in Murch., *Sil. syst.*, pl. XIII, fig. 14.

47. Terebratula canalis, Sow. in Murch., pl. V, fig. 18.

Je ne connais de cette espèce qu'un mauvais moule intérieur qui se trouve dans la collection que M. Murchison a présentée à la Société géologique de Londres. M. Barrande a trouvé une coquille en Bohême qu'il croit être la *T. canalis* de M. Sow., et qu'il a figurée *Sil. Brach. aus Bohmen*, pl. XVI, fig. 13.

48. Terebratula navicula, Sow. in Murch., *Sil. syst.*, pl. V, fig. 17 ; et Barrande, *Sil. Brach. aus Bohmen*, pl. XV, fig. 4.

Plissées.

49. Terebratula deflexa, Sow. in Murch., *Sil. syst.*, pl. XII, fig. 14.
   T. brevirostris, Sow. in Murch. *Sil. syst.*, pl. XIII, fig. 15.

Long. 15, larg. 19, épaisseur 12 millim.

50. Terebratula Wilsonii, Sow. in Murch., *Sil. syst.*, et M. C., pl. CXVIII, fig. 3.

Cette espèce offre des variations de forme désespérantes; on ne sait où s'arrêtent ses variétés. Le nombre de ses plis varie beaucoup. Les dimensions sont : long. 30, larg. 30, épaiss. 23 et long. 14, larg. 13, épaisseur 18, etc.

51. Terebratula sphærica, pl. III, fig. 36.
   Atrypa sphærica, Sow. in Murch. et Sedgwick, *Geol. trans.*, vol. V, pl. LVI, fig. 3.

Dans le *Silurian system* de M. Murchison, M. Sowerby a figuré une coquille sous le nom de *T. sphærica* qui n'est qu'une variété de la *T. deflexa*. Comme l'espèce qu'il a nommée *Atrypa sphærica*, et qui se trouve dans le système dévonien du Devonshire, est différente et se rapporte parfaitement à notre espèce silurienne, nous lui avons conservé ce nom.

Ce qui paraît principalement distinguer cette espèce de la *T. Wilsonii*, c'est le nombre moins considérable des plis. Ceux-ci, en outre, ne sont pas fendus sur une certaine longueur, comme on le voit dans la *T. Wilsonii*. La coquille a aussi une forme plus cubique. Dans de jeunes individus on aperçoit sous le crochet une ouverture qui disparaît sur les individus adultes,

où le crochet, se resserrant fortement contre le natis de la valve
ventrale, ne laisse aucune place pour le passage des fibres musculaires d'attache; l'animal, dans ce cas, a dû être libre. Cette
espèce varie de forme et d'épaisseur autant que la *T. Wilsonii*;
les deux mesures suivantes en sont la preuve: Long. 23, larg. 23,
épaiss. 23; long. 23, larg. 24, épaisseur 14 millim.

52. Terebratula Stricklandii, Sow. in Murch., *Sil. syst.*

Cette espèce est remarquable par la petitesse de son crochet
qui est fort peu prononcé. Long. 32, larg. 34, épaiss. 22 millim.

53. Terebratula bidentata, Hisinger, *Leth. Suec.*, pl. XXIII, fig. 7;
et Sow. in Murch., *Sil. sys.*, pl. XII, fig. 13 *a*.

Dans le jeune âge l'ouverture propre au genre *Hemithiris*
de M. d'Orbigny est visible, mais elle ne paraît plus dans l'âge
adulte. Cette espèce offre des variétés de forme sans nombre;
presque tous les échantillons ont quelque chose de différent. Le
sinus offre ordinairement un seul pli. Longueur 18, largeur 22,
épaisseur 16 millim.

54. Terebratula crispata, Sow.
   T. lacunosa, Schloth. Nachtraege, pl. XX, fig. 6.
   —   —   Sow. in Murch., *Sil. syst.*, pl. V, fig. 10.
   T. crispata, Sow. in Murch., *Sil. syst.*, pl. XII, fig. 11.

Comme il existe déjà dans les couches jurassiques une espèce
portant le nom de *T. lacunosa*, j'ai été obligé d'adopter celui
de *crispata*. On voit dans cette espèce, sous le crochet entier,
une ouverture qui nous forcerait à mettre cette espèce dans
le genre *Hemithiris* de M. d'Orbigny. Elle varie considéra-
blement de forme et surtout quant à l'épaisseur, ce qui
a fait faire probablement deux espèces à M. Sowerby. Voici
ses dimensions: long. 21, larg. 25, épaiss. 13; long. 19, larg. 23,
épaisseur 18. Elle a généralement 6 plis sur le bourrelet, ce
qui la distingue de la *T. plicatella*, Dalm., qui n'en a que 4 (1).

55. Terebratula pentagona, Sow. in Murch., *Sil. syst.*, pl. V, fig. 22.

---

(1) Près du crochet, la *T. crispata* ne présente que 4 plis sur le
bourrelet; c'est par la bifurcation des deux plis latéraux que vers le
front elle en offre 6.

56. Terebratula Baylei, Davidson, pl. III, fig. 29.

Coquille variable, ordinairement plus longue que large; le crochet avance beaucoup, est entier, et laisse voir au-dessous une ouverture circulaire qui entame un deltidium en deux pièces. La valve ventrale est ornée de 10 à 12 plis et d'un petit pli en sus, qui se trouve placé entre les deux plis du milieu, ce petit pli partageant la coquille en deux. Sur la valve dorsale on ne compte que 8 à 10 grands plis, qui sont placés des deux côtés des deux petits plis qui correspondent au petit pli de la valve ventrale. Ainsi il existe une plus grande distance entre les deux grands plis du centre de la valve dorsale qu'entre ceux de la valve ventrale. Les grands plis ont un millimètre de profondeur. La surface du test est épineuse comme dans la *T. Salterii*. Les proportions varient ainsi : long. 10, larg. 11, épaisseur 6; long. 9, larg. 7, épaisseur 5. Le crochet avance souvent de plus de deux millimètres. Je dédie cette jolie petite espèce à M. Bayle. Je l'ai trouvée dans le Wenlock limestone de Benthall Edge.

57. Terebratula Pomelii, Davidson, pl. III, fig. 28.

Coquille plus large que longue; 4 plis sur le sinus et 7 de chaque côté; sinus peu profond; crochet de la valve dorsale peu prononcé; long. 12, larg. 13, épaisseur 10 millim. Cette espèce se trouve dans l'Aymestry limestone de Sedgeley. Je la dédie à M. Pomel.

58. Terebratula Lewisii, Davidson, pl. III, fig. 30.

Coquille variable plus large que longue, presque ovale. Valve dorsale terminée par un crochet, petit, aigu, sous lequel il a dû exister une ouverture; le sinus est assez profond et orné ordinairement de trois plis. Il existe une variété qui n'a qu'un seul pli au sinus et deux sur le bourrelet, mais alors ils sont beaucoup plus larges que les autres. Outre ces plis du bourrelet, on en compte de huit à dix de chaque côté. A partir du milieu de la coquille, des stries transverses paraissent augmenter rapidement en nombre en s'avançant vers le front. Cette espèce se distingue facilement de la *T. bidentata* par ses formes plus arrondies.

Long., 23, larg. 30, épaisseur 27.

Je dédie cette espèce à M. Lewis de Wolverhampton. Je l'ai trouvée dans le Wenlock limestone à Walsall.

59. **Terebratula cuneata**, Dalman, *Vet. Acad. Verhandl.*, p. 57, pl. VI, fig. 3.

Longueur 25, largeur 20, épaisseur 12 mill. Cette espèce se trouve aussi en Gothland, en Bohême et en Amérique.

60. **Terebratula marginalis**, Dalman, *Vet. Acad. Verhandl.*, 59, pl. VI, fig. 6.

T. imbricata, Sow. in Murch., *Sil. syst.*, pl. XII, fig. 12.

Long. 20, larg. 21, épaisseur 11 mill.

61. **Terebratula Grayii**, Davidson, pl. III, fig. 33.

Coquille très irrégulière, bistournée, beaucoup plus large que longue; la valve dorsale, en regardant la région palléale, montre que la moitié de la commissure s'abaisse à droite et se relève à gauche d'une manière assez irrégulière; cette irrégularité n'est pas rare parmi les espèces plissées jurassiques et crétacées, telles que les *Rhynchonella inconstans, Astieriana, contorta, difformis*, etc. Notre espèce est lisse ou simplement ornée de stries transverses. Son crochet est presque entier en dessous. On voit une ouverture ronde entamant un deltidium.

Longueur 9, largeur 12, profondeur 6 mill. Cette curieuse espèce n'a été trouvée jusqu'ici que dans les couches du Wenlock limestone de Hay Head, près de Walsall. Je la dédie à M. Gray de Dudley.

62. **Terebratula Salterii**, Davidson, pl. III, fig. 34.

Coquille plus large que longue, presque ovale; crochet de la valve dorsale tronqué par une ouverture ronde entamant plus le crochet que le deltidium, composé de deux pièces; valve ventrale ornée de quatorze à seize plis, dont quatre sur le bourrelet sont plus petits et plus étroits que ceux qui se trouvent sur les côtés, ces derniers offrant une profondeur de plus d'un millimètre, tandis que ceux du bourrelet n'en ont que la moitié. La valve dorsale est ornée de plis, dont trois plus petits occupent le sinus correspondant aux quatre du bourrelet, celui du milieu étant même plus petit que les deux autres. Mais ce qui caractérise particulièrement cette espèce, c'est que sa surface est couverte de tubes d'un demi-millimètre de longueur, offrant l'apparence d'épines.

Long. 12, larg. 16, épais. 10 mill. Cette jolie Térébratule se

trouve dans les couches du Wenlock limestone. Je la dédie à
M. Salter.

63. TEREBRATULA BOUCHARDII, Dav., pl. III, fig. 38.

Coquille arrondie ; crochet tronqué par une ouverture ronde,
entamant un deltidium en deux pièces ; surface des valves ornée
de vingt-huit petits plis rayonnants, réguliers : la ponctuation
qui couvre sa surface est visible à la loupe.

Long. 10, larg. 10, profondeur 7 mill. Cette espèce se trouve
dans le Wenlock limestone de Benthall Edge. Je la dédie à
M. Bouchard de Boulogne-sur-Mer.

Cette espèce et la *Terebratula Salterii* seraient, selon M. d'Orbigny, les seules véritables Térébratules de notre système silurien supérieur.

64. TEREBRATULA BARRANDII, Davidson, pl. III, fig. 32.

Coquille presque ronde ; crochet tronqué en partie par
une petite ouverture ronde qui entame un deltidium en deux
pièces : valve ventrale, plate, ornée de sept plis, dont le médian
se relève quelquefois un peu plus que les autres, vers le front,
comme on le voit dans la *T. ferita*, mais avec cette différence que dans notre espèce ce pli central n'est pas pourvu
d'une dépression qui le partage en deux plis. La valve ventrale
de cette dernière espèce est plus bombée que la nôtre, et l'extrémité de tous les plis semble se relever, ce que l'on ne voit
pas dans la *T. Barrandii*. Valve dorsale très profonde et bombée, ornée de six plis très profondément découpés. Quelques
échantillons présentent aussi un grand épaississement du front,
ce qui semble indiquer que cette coquille, quoique petite, est
adulte ; je pense qu'elle est ponctuée.

Long. 6, larg. 6, épaisseur 5 millimètres. Cette jolie petite
espèce se trouve dans les couches du Wenlock limestone de
Hay Head, près de Walsall, et se place entre les *T. ferita* et
lepida.

Je la dédie à M. Barrande qui a tant fait pour la découverte
des richesses paléontologiques de la Bohême.

65. TEREBRATULA ASPERA, Schlotheim, 13, fig. 3.

Cette espèce est absolument identique avec celle qui se trouve
dans le système dévonien.

66. **Terebratula reticularis**, pl. III, fig. 35.

> *Anomia reticularis*, Linn., *Syst. nat.*, 2ᵉ éd. t. IV, p. 3.
> *Ter. affinis*, Sow., *Min. con.*, IV, pl. CCCXXIV, fig 2

Cette espèce ne peut se distinguer de celle que l'on trouve dans le système dévonien. Long. 40, larg. 40, épaisseur 27 mill., sans compter l'expansion des lamelles qui s'étendent quelquefois autant en longueur que la coquille. Cette espèce se trouve dans tout l'ancien continent, depuis l'Angleterre jusqu'aux frontières de la Sibérie, de la Chine et dans la plus grande partie de l'Amérique du nord. M. de Verneuil a établi qu'elle était propre au système silurien supérieur et au système dévonien, et qu'on ne l'avait encore trouvée ni au-dessus ni au-dessous.

67. **Pentamerus Knightii**, Sow. in Murch., *Sil. syst.*, *Min. Conch.*, I, p. 28.

> *P. Aylesfordii*, Sow.

Cette espèce atteint en Angleterre des dimensions très fortes. Il existe dans le muséum de Ludlow un échantillon qui mesure : long. 140, larg. 90, épaisseur 80 millim. D'après M. Barrande cette espèce se trouve aussi en Bohême.

68. **Pentamerus galeatus**.

> *Atrypa galeata*, Dalman, *Vet. Ac. Handl.*, pl. V, fig. 4.
> *Pentamerus galeatus*, d'Archiac et de Verneuil, *Trans. geol.*
>   *Soc. Lond.*, 2ᵉ série, VI, 393.

69. **Pentamerus linguiferus**, pl. III, fig. 39.

> *Atrypa linguifera*, Sow. in Murch., *Sil. syst.*, pl. XIII, fig. 8.

Cette espèce possédant les lames internes des *Pentamerus* doit rentrer dans ce genre. M. Sharpe croit en posséder deux espèces qui me semblent voisines.

Le *Pentamerus bubo* de M. Barrande, décrit et figuré *Sil. Brach. aus Bohmen,* pl. XXII, fig. 2, me semble absolument le même que notre *Pentamerus linguiferus;* j'en ai comparé des échantillons des deux pays.

70. **Lingula Lewisii**, pl. III, fig. 44.

> *L. Lewisii*, Sow. in Murch., *Sil. syst.*, pl. VIII, fig. 44.

71. **Lingula striata**, Sow. in Murch., *Sil. syst.*, pl. VIII, fig. 11.

72. **Lingula lata**, Sow. in Murch., *Sil. syst.*, pl. VIII, fig. 44.

73. Lingula minima, Sow. in Murch. *Sil. syst.*, pl. V, fig. 23.

74. Crania Sedgwickii, pl. III, fig. 48.

    C. Sedgwickii (Lewis, mss.).

Presque circulaire avec un diamètre de 15 millimètres. L'intérieur montre deux empreintes musculaires très saillantes. Elle a été découverte dans le Wenlock limestone de Walsall par M. Lewis.

75. Orbicula Forbesii, Davidson, pl. III, fig. 45.

Coquille ronde ou ovale; les deux valves convexes; le sommet de la valve supérieure est situé plus dans le centre de la valve que dans la plupart des orbicules; le sommet de la valve attaché ne correspond pas au sommet de la valve supérieure. Ouverture pour le passage du pédoncule d'attache très petite. Valves ornementées de stries concentriques relevées. Diamètre du plus grand individu : 27 millimètres de longueur sur 10 de largeur.

Cette jolie espèce se trouve dans le Wenlock limestone de Dudley et de Walsall, et M. Gray, de Dudley, en possède de magnifiques échantillons. Je la dédie au professeur E. Forbes.

76. Orbicula rugata, Sow., *Sil. syst.*, pl. V, fig. 44.

77. Orbicula Morrisii, Davidson, pl. III, fig. 46.

Coquille presque ronde, lisse. Diamètre, 20 millim. Se trouve dans le Wenlock limestone de Dudley. Je la dédie à M. Morris.

78. Orbicula Verneuilii, Davidson, pl. III, fig. 47.

Cette jolie Orbicule, tantôt ronde, tantôt ovale, est ornée de stries longitudinales et transverses; celles qui sont longitudinales étant les plus fortes. Long. 25, larg. 22; mais quelques échantillons sont presque circulaires.

M. Sharpe possède un très bel échantillon de cette espèce qui se trouve dans le Wenlock limestone de Dudley, etc.

Je dédie cette espèce à mon ami M. de Verneuil, et je saisis cette occasion pour lui exprimer mes vifs remerciements pour la peine qu'il a prise en m'aidant à comparer toutes les espèces décrites dans ce mémoire avec celles qu'il a rapportées de ses nombreux voyages en Europe et en Amérique.

Des 78 espèces décrites dans ce mémoire, il en existe quelques unes, telles que les *Leptæna minima, T. pentagona, T. canalis, T. læviuscula* et *depressa,* qui ont besoin d'être étudiées, ne les ayant jamais trouvées moi-même, et ne connaissant que les échantillons que sir R. Murchison a présentés à la Société géologique de Londres ; et quant au *Leptæna sericea,* ne l'ayant jamais vu dans le système silurien supérieur, je ne le place ici qu'avec de grands doutes. On m'a cependant assuré qu'il y existe. Outre les espèces décrites dans ce Mémoire, il en existe un certain nombre, telles que les *T. nucula, pulchra, crebricosta, interplicata, Spirifer ptychodes, Orbicula striata,* mentionnées dans le système silurien par M. Sowerby, mais que je n'ai jamais vues, et que je n'ai pas admises dans mon tableau.

Tableau des Brachiopodes siluriens supérieurs d'Angleterre.

	NOMS ADOPTÉS par MM. DAVIDSON ET DE VERNEUIL.	SYNONYMIE, ETC.	GENRES et espèces adoptés par M. D'ORBIGNY.	Etages	LOC. ANGLAISES.	EN EUROPE.	EN AMÉRIQUE.
1	Productus Twamleyii, Dav.	. . . .	Productus . . .	W. L.	Dudley.		
2	Chonetes striatella.	*Orthis striatella*, Dalman, *Lept. lata*, Sow. sil. syst. . . .	Chonetes	W. L. A. L L. R	Dudley . . . . . Sedgeley . . . . . Ludlow	Gothland.	
3	Leptæna depressa, Sow. .	*L. rugosa*, Dalman.	Strophomena rhomboïdalis.	W. L. A. L.	Dudley . . . . Mocktree	Gothland, Bohême.	États de New-York, Illinois, Tennessée, Canada.
4	— euglypha, Dalman.	. . . .	Leptæna	W. L. A. L.	Dudley . . . . Mocktree	Gothland, Bohême.	
5	— funiculata	*Orthis funiculata*, M' Coy. . . .	Leptæna	W. L.	Dudley, Benthall-Edge . . .	Gothland, Bohême.	
6	— Waltonii, Dav. . . .	. . . .	Id.	W. L.	Falfield.		
7	— Duvalii, Dav.	. . . .	Id.	W. L.	Walsall.		
8	— imbrex	*Orthis imbrex*, V. Buch. *Plectambonites imbrex*, Pander . . .	Id.	W. L.	Walsall, Benthall-Edge	Gothland, Bohême, sil. inf. en Russie.	
9	— filosa.	*Orthis filosa*, Sow. in Murch., sil. syst. . . .	Id.	W. L.	Dudley.	Gothland, Bohême.	New-York.
10	— transversalis, Dalman,	. . . .	Id.	W. L.	Walsall		
11	— scabrosa, Dav.	*Orthis scabrosa*, Dav., L. G. J. . . .	Strophomena. .	W. L.	Dudley, Benthall-Edge.		
12	— antiquata	*Orthis antiquata*, Sow. *Lept. Lewisii*, Dav. L. G. J. . .	Strophomena. .	W. L.	Walsall, Dudley.		
13	— Fletcheri, Dav. . . .	. . . .	Leptæna	W. L.	Benthall-Edge . . .	Gothland.	
14	— minima, Sow.	Espèce peu distincte et mal caractérisée. . . .	Id.	W. L.	Burrington.		
15	— lævigata, Sow.	Id. Id.	Id.	W. L.	Dudley,		
16	— sericea ??.	Je ne l'ai jamais vue. . . .	Id.	W. L.	Dudley ??	Bohême.	
17	— lepisma, Dalman. . .	. . . .	Id.	W. L.	Clungunford. . . .	Gothland.	
18	Orthis pecten, Dalman. .	*Anomia pecten*, Linné. . . .	Id.	W. L.	Walsall, Dudley. .	Gothland.	
19	— Orbignyi, Dav. . . .	. . . .	Id.	W. L.	Dudley.		
20	— biloba	*Anomia biloba*, Linné. *Spirifer cardiospermiformis, S. varica, S. biloba, S. sinuata*, etc. .	Orthis.	W. L.	Walsall	Gothland	Etat de New-York.
21	— elegantula, Dalman. .	*O. orbicularis*, Sow. in Murch., sil. syst. . . .	Id.	W. L.	Dudley, etc. . . .	Gothland, Bohême.	Etats de New-York et de Tennessée.
22	— hybrida, Sow.	. . . .	Id.	W. L.	Dudley, etc. . . .	Gothland	Idem.

No.	Espèce	Synonymie	Genre		Localité	Région	Pays
23	— æquivalvis, Dav.		Id.	W. L.	Walsall.		
24	— sinuata, J. Hall.	O. formosa	Id.	W. L.	Walsall.		Etats d'Ohio, Indiana, Tennessée.
25	— Walsalii, Dav.		Id.	W. L.	Walsall.		
26	— rustica. Sow.	O. rigida, Dav. L. G. J.	Id.	W. L.	Walsall, etc.	Gothland.	
27	— Bouchardii, Dav.		Id.	W. L.	Benthall-Edge.		
28	— Davidsonii, Verneuil.	O. calligramma, Dav. L. G. J.	Id.	W. L.	Walsall.	Gothland.	
29	— Lewisii, Dav.		Id.	W. L.	Dudley.		
30	— biforata	Spirifer biforatus ou lynx, de Verneuil.	Id.	W. L.	Walsall.	Gothland, Esthonie et St-Pétersbourg.	Amérique du Nord.
31	Spirifer cyrtæna.	Delthyris cyrtæna, Dalman. Sp. radiatus, Sow.	Spirifer.	W. L.	Dudley	Gothland.	
32	— interlineatus, Sow.	S. niagarensis, Hall.	Id.	W. L.	Dudley		Etats de New-York.
33	— trapezoidalis.	Cyrtia trapezoidalis, Dalman.	Cyrtia.	W. L.	Walsall, etc.	Gothland, Bohême.	
34	— sparius, Barrande.	Sp. octoplicatus, Sow. in Murch, sil. syst.	Spirifer.	W. L.	Dudley, etc.	Gothland, Bohême.	
35	— crispus, Hisinger.	An. crispa, Linné.	Id.	W. L.	Dudley, Lincoln Hill.	Gothland.	Etat de New-York, Tennessée.
36	— sulcatus, His.		Id.	W. L.	Dudley	Gothland, Bohême.	Etat de New-York.
37	— pisum, Sow.		Atrypa	W. L.	Benthall-Edge.		
38	Terebratula tumida.	Atrypa tumida, Dalman. T. tenuistriata, Sow.	Spirigera.	W. L.	Walsall.	Gothland, Bohême.	
39	— circe, Barrande.		Id.	W. L.	Walsall.	Bohême.	
40	— didyma, Dalman.		Hemithiris	W. L.	Walsall.	Gothland.	
41	— nitida, J. Hall.		Atrypa	W. L.	Walsall.	Gothland.	Lockport, Tennessée.
42	— compressa.	Atrypa compressa, Sow. sil. syst. (Non Sow. M. C.)	Atrypa	W. L.	Walsall.	Bohême.	
43	— depressa, Sow.		Id.	W. L.	Dudley.		
44	— obovata, Sow.	Atrypa obovata, Sow. sil syst. (Non Sow. M. C.)	Id.	W. L.	Benthall-Edge.	Bohême.	
45	— Capewellii, Dav.		Id.	W. L.	Walsall.		Lockport.
46	— læviuscula, Sow.		Id.	W. L.	Dudley.		
47	— canalis, Sow.		Id.	L. R.	Ludlow.	Bohême.	
48	— navicula, Sow.		Id.	A. L.	Sedgeley, Mocktree.	Bohême.	
49	— deflexa, Sow.	T. brevirostris, Sow. in Murch sil. syst.	Id.	W. L.	Dudley, etc.	Gothland, Bohême.	Etat de New-York.
50	— Wilsonii, Sow.		Hemithiris	W. L. A. L.	Dudley, etc. Sedgeley.	Bohême, Gothland.	Tennessée.
51	— sphærica.	Atrypa sphærica, Sow. in Dev. (non J. Sow. in sil. syst.).	Atrypa	W. L.	Dudley.		
52	— Stricklandii, Sow.		Hemithiris	W. L.	Dudley.		
53	— bidentata, His.		Atrypa	W. L.	Dudley, Falfield	Gothland.	
54	— crispata, Sow.	Ter. lacunosa, Schloth. Sow. T. crispata, Sow.	Hemithiris	W. L.	Dudley.		
55	— pentagona, Sow.		Atrypa	L. R.	Ludlow.		
56	— Baylei, Davidson.		Hemithiris	W. L.	Dudley, etc.		
57	— Pomelii, Dav.		Atrypa	W. L. A. L.	Dudley. Sedgeley.		
58	— Lewisii, Dav.		Id.	W. L.	Walsall.		

NOMS ADOPTÉS par MM. DAVIDSON ET DE VERNEUIL.	SYNONYMIE, ETC.	GENRES et espèces adoptés par M. D'ORBIGNY.	Étages	LOC. ANGLAISES.	EN EUROPE.	EN AMÉRIQUE.
59 — cuneata, Dalman . . .		Spirigerina. .	W. L.	Dudley, etc.	Gothland, Bohême.	Lockport.
60 — marginalis, Dalman.	T. imbricata, Sow..	Id.	W. L.	Dudley	Id. Id. . .	Tennessée.
61 — Grayii, Dav.			W. L.	Hay Head. Walsall.		
62 — Salteri, Dav. . . .		Terebratula . .	W. L.	Walsall.		
63 — Bouchardii, Dav. . .		Id. . . .	W. L.	Dudley.		
64 — Barrandii, Dav. . .		Spirigerina. . .	W. L.	Hay Head. Walsall.		
65 — aspera, Schloth. . .		Id. . . .	W. L.	Walsall, Dudley . . .	Gothland, Eifel. . .	Etat de New-York.
66 — reticularis. . . .	Anomia reticularis, Linn. Ter. affinis, Sow.	Id.	W. L.	Dudley, etc. . . .	Bohême, Eifel, Russie.	Etats de New-York. Tennessée, Kentucky, etc.
67 Pentamerus Knightii, Sow.	P. Aylesfordii, Sow.	Pentamerus . .	A. L.	Sedgeley, Aymestry.	Bohême.	
68 — galeatus	Atrypa galeata, Dalm.	Id.	W. L.	Walsall, Dudley . .	Bohême, Gothland, Eifel.	New-York, Tennessée.
69 — linguiferus.	Atrypa linguifera, Sow. P. bubo, Barrande.	Id.	W. L.	Walsall.	Bohême.	
70 Lingula Lewisii, Sow.		Lingula. . . .	A. L.	Sedgeley.	Bohême.	
71 — striata, Sow. . . .		Id.	W. L.	Parkers Hall.		
72 — lata, Sow.		Id.	L. R.	Ludlow.		
73 — minima, Sow. . . .		Id.	L. R.	Ludlow.		
74 Crania Sedgwickii, Lewis		Crania	W. L.	Walsall.		
75 Orbicula Forbesii, Dav		Orbiculoidea. .	W. L.	Walsall.		
76 — rugata, Sow. . . .		Orbicella. . .	L. R.	Ludlow.		
77 — Morrisii, Dav. . . .		Orbiculoidea. . {	W. L. / A. L.	Dudley. / Sedgley.		
78 — Verneuillii, Dav.		Id.	W. L.	Dudley, etc.		

NOTA. Toutes les espèces comprises dans le tableau ci-dessus sont propres au système silurien supérieur, sauf les exceptions suivantes : *Leptæna imbrex, L. 'depressa, Orthis biforata, O. pecten, O. sinuata* qui passent du silurien inférieur au supérieur, tandis que les *Terebratula Wilsonii, sphærica, reticularis, aspera* et le *Pentamerus galeatus* passent du système silurien supérieur au dévonien. Les lettres W. L. signifient *Wenlock limestone*, L. R. *Ludlow rocks*, et A. L. *Aymestry limestone*.

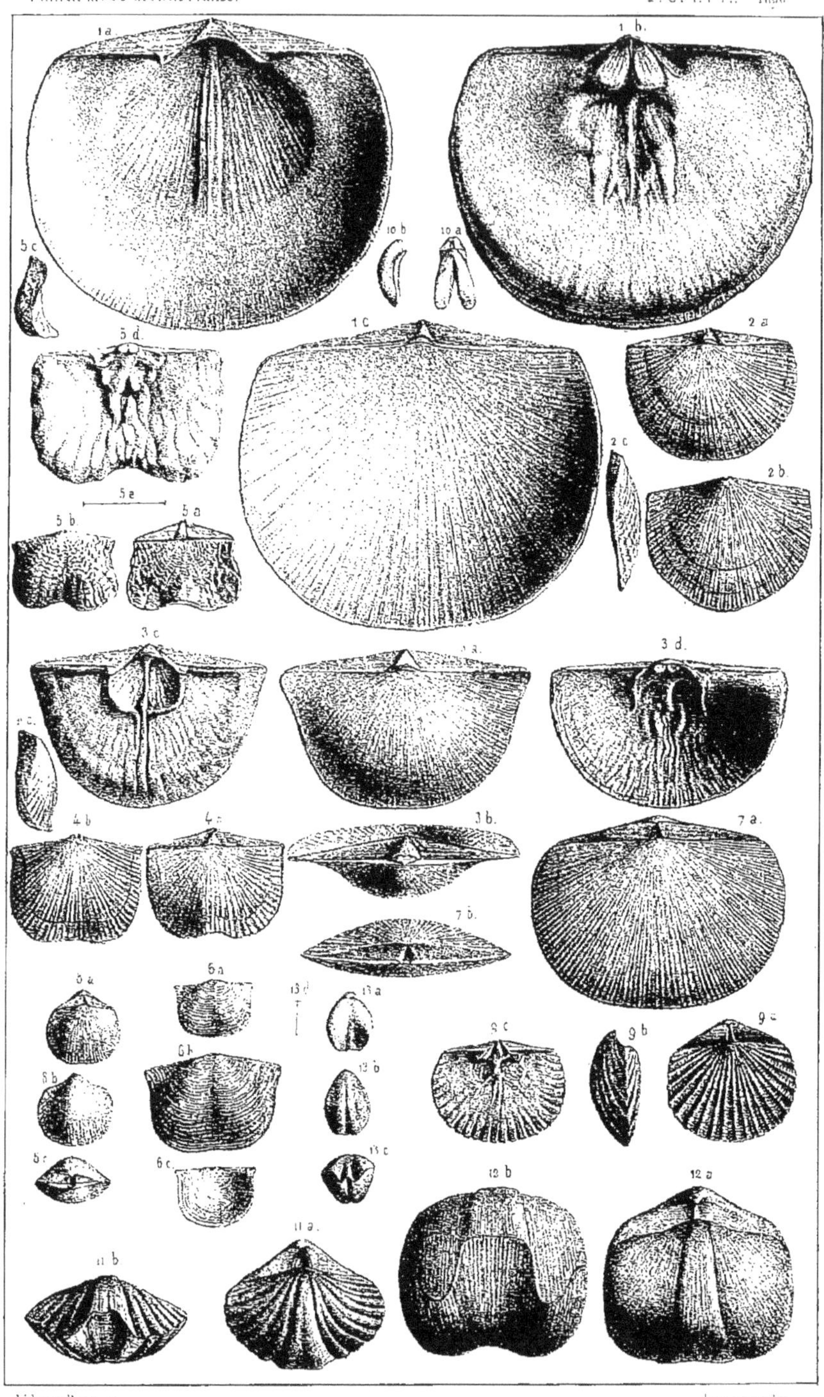

Lith. par Davidson   Imp. Becquet.

1. Leptæna alternata Conr.
2. L. planoconvexa Hall.
3. L. planumbona id.
4. L. sulcata Vern.
5. Leptæna Loveni Vern.
6. L. ænigma id.
7. Orthis Walsallie Dav.
8. O. punctata Vern.
9. O. Davidsoni id.
10. Orthis biloba Linné
11. Spirifer Barrandii Vern.
12. S. Mürklini id.
13. Terebratula bicarinata Aug.

M. de Verneuil communique les deux notes suivantes pour faire suite au Mémoire de M. Davidson.

Note sur quelques Brachiopodes de l'île de Gothland.

Pendant assez longtemps les paléontologistes, marchant à la suite des géologues, ont décrit les fossiles au fur et à mesure qu'on les découvrait; mais aujourd'hui que de nombreux matériaux se sont accumulés, les monographies sont devenues l'un des besoins de la science. La description des brachiopodes du système silurien que vient de nous donner M. Davidson est restreinte à l'Angleterre, et l'on doit désirer de voir entreprendre pour le reste de l'Europe ce que ce savant a fait pour son propre pays. Ce vœu, hâtons-nous de le dire, est déjà en partie réalisé par le beau travail de M. Barrande sur les brachiopodes de la Bohême, travail en partie inséré dans les mémoires de la Société des Amis des sciences de Vienne. Quand la seconde partie en aura été publiée, nous aurons, à l'égard de la contrée de l'Europe la plus riche en fossiles du système silurien supérieur, une monographie complète des brachiopodes. Il resterait à faire la même chose pour l'île de Gothland, et l'on arriverait à connaître à peu près tous les brachiopodes qui ont vécu en Europe dans les mers de cette époque; car partout ailleurs sur ce continent les dépôts siluriens supérieurs ou n'existent pas ou sont très pauvres en fossiles.

Les travaux de Wahlemberg, de Dalman et d'Hisinger donnent, à la vérité, de précieux renseignements sur les fossiles de l'île de Gothland, mais ils auraient besoin d'être refondus dans une monographie accompagnée de bonnes figures. Les événements politiques nous empêchant d'entreprendre ce travail actuellement, nous avons cru devoir profiter de la présence à Paris de M. Davidson, qui a mis à notre service son crayon aussi exact qu'élégant, pour faire connaître sept espèces nouvelles que nous avons rapportées de Gothland il y a deux ans. Nous y joindrons la liste de tous les brachiopodes découverts dans cette île pour servir de terme de comparaison à la liste complète, donnée par MM. Barrande et Davidson, des espèces qui ont vécu à la même époque en Bohême et en Angleterre.

1. Leptæna Loveni, nob., pl. IV, fig. 5.

Coquille petite, transverse, plus large que longue, bossue ou présentant un défaut de symétrie qui résulte, comme dans la *Terebratula difformis*, de ce qu'un des côtés est plus élevé que l'autre. Valve dorsale convexe, *coudée* et prolongée en avant, ornée de 6 ou 7 stries rayonnantes, filiformes et écartées, traversées par des stries en zig-zag. Les premières stries coupent les secondes à l'endroit où leurs festons forment des angles saillants en avant. Ouverture ronde, très petite, placée au sommet du crochet et entamant davantage celui-ci que le deltidium; ce dernier bombé et fermant complétement l'ouverture à sa base ; aréa élevée et plane.

Valve ventrale plane dans la partie voisine du crochet et concave vers les bords, pourvue d'une très petite aréa et présentant les mêmes ornements que la valve dorsale. A l'extérieur, elle est munie de deux petites dents en palette très rapprochées et de deux fossettes pour l'insertion des dents écartées de l'autre valve. Une callosité médiane descend de la charnière et offre, vers le tiers de la coquille, une cavité qui doit avoir servi à l'insertion d'un muscle.

Rapports et différences. — L'ornementation de cette espèce et surtout la présence de stries filiformes rayonnantes rappellent une très belle coquille découverte en Bohême par M. Barrande, le *Leptæna Stephani*. Il y a même entre les deux espèces cela de commun que sur la partie coudée antérieure de la coquille les stries transverses disparaissent et laissent mieux apercevoir les stries longitudinales qui deviennent plus épaisses. Le *Leptæna Stephani* est d'ailleurs très distinct du nôtre par sa plus grande taille et par son aréa, tout à fait surbaissée, et sans aucune trace d'ouverture au crochet.

Gisement et localités. — Calcaire silurien supérieur de l'île de Gothland.

Explication des figures. — Pl. IV, fig. 5 *a*, individu adulte, légèrement grossi. Fig. 5 *b*, le même vu du côté de la valve dorsale et montrant une partie de l'ouverture du crochet. Fig. 5 *c*, le même vu de profil. Fig. 5 *d*, valve ventrale grossie et vue à l'intérieur. Fig. 5 *e*, diamètre réel de la coquille.

2. Leptæna enigma, nob., pl. IV, fig. 6.

Coquille petite, de forme subquadrangulaire. Valve dorsale convexe, présentant dans sa partie médiane un léger sinus qui va du crochet au bord antérieur. Oreillettes assez prononcées; test orné de rides transverses, minces, d'épaisseur très inégale, qui se renflent ou s'amincissent par places et ne s'étendent pas d'un bord à l'autre, mais se soudent et se bifurquent irrégulièrement. Valve ventrale concave, ornée de rides transverses plus petites; charnière linéaire. Il nous a été impossible de découvrir l'aréa; mais, si elle existe, elle doit être très surbaissée.

Rapports et différences. — Si nous avions pu découvrir, à la surface du test, les traces des tubes qui caractérisent les *Productus*, nous n'aurions pas hésité à y rapporter cette coquille, bien qu'elle appartienne à un terrain dans lequel aucun *Productus* n'a encore été découvert; mais la parfaite conservation du test, sur lequel on ne peut voir aucune trace de tubes, nous a déterminé à laisser provisoirement cette coquille parmi les *Leptœna*. Nous ne nous dissimulons pas qu'elle s'éloigne de toutes les espèces de ce genre par le sinus de la valve dorsale et par la nature de son test, les *Leptœna* ayant tous des stries rayonnantes, à l'exception du *L. lepisma*, Dalm., dont la surface est lisse. Quant à la forme très bombée de la coquille et à ses oreillettes latérales, qui pourraient être aux yeux de certains naturalistes une raison de la ranger parmi les *Productus*, nous rappellerons que le *L. Ouralica*, Vern., qui est un véritable *Leptœna*, présente ces deux caractères.

Gisement et localités. — Calcaire silurien inférieur d'Osmundberg en Dalécarlie. Cette espèce est très rare, car je n'en ai pu trouver qu'un seul individu. Si un jour, au moyen d'autres échantillons, on reconnaît qu'elle appartient aux *Productus*, ce genre alors descendrait beaucoup plus bas qu'on ne le croit généralement. M. de Koninck et moi n'avons jamais vu de *Productus* au-dessous du système dévonien. M. Davidson et M. M' Coy en ont décrit plusieurs dans le système silurien supérieur; mais il faut avouer toutefois que ces *Productus* siluriens sont d'une rareté extrême et laissent encore quelque incertitude sur le véritable genre où l'on doit les placer.

Explication des figures. — Pl. IV, fig. 6 *a*, individu de grandeur naturelle vu du côté de la valve dorsale. Fig. 6 *b*, le même grossi. Fig. 6 *c*, valve ventrale du même.

3. Orthis Davidsoni, nob., pl. IV, fig. 9.

Orthis calligramma, Davidson, *London geol. Journ.*, pl. XXII, fig. 6 (non Dalman).

Coquille suborbiculaire. Valve dorsale bombée; aréa élevée,

légèrement concave; ouverture triangulaire libre. Valve ventrale plate ou très peu convexe, munie d'une petite aréa et d'une ouverture triangulaire au centre de laquelle existe une dent mince et tranchante. A la base, et de chaque côté de cette ouverture, se trouvent deux autres dents cardinales. De l'empâtement calcaire d'où naissent ces dents descend vers le milieu de la coquille une petite arête.

La surface des valves est ornée de 15 à 18 côtes simples très prononcées qui se répètent aussi à l'intérieur, mais seulement vers les bords.

Rapports et différences. — Cette espèce a été confondue dans certaines collections avec l'*O. calligramma* du système silurien inférieur, dont elle se distingue par le développement et le peu de courbure de l'aréa. Dans l'*O. calligramma* le crochet, au lieu de rester en arrière comme ici, se recourbe et vient se placer presque dans le plan de l'axe longitudinal de la coquille. On trouve aux États-Unis, dans le calcaire de Trenton, qui fait partie du système silurien inférieur, une espèce, l'*O. tricenaria*, Conr., très voisine de la nôtre; elle ne s'en distingue que par un plus grand nombre de plis et par l'absence d'aréa sur la valve ventrale.

Gisement et localités. — Calcaire silurien supérieur de l'île de Gothland et calcaire de Dudley. Les Orthis à plis simples étant très communes dans l'étage inférieur du système silurien, et l'espèce que nous venons de décrire étant la seule qu'on ait encore trouvée dans l'étage supérieur, il est important de la bien connaître pour ne pas se laisser induire en erreur dans les cas difficiles où le géologue, incertain de l'âge des roches qu'il étudie, fait appel à la paléontologie (1). Nous la dédions à M. Davidson qui l'a découverte en Angleterre:

---

(1) Notons en passant le danger qu'il y a pour les paléontologistes à prononcer un jugement sur des empreintes comme on leur en présente si souvent. Avec de pareils échantillons, il leur sera à peu près impossible de distinguer trois espèces, qui cependant caractérisent trois terrains différents, l'*Orthis calligramma*, l'*O. Davidsoni*, et le *Leptœna laticosta*. Cette dernière espèce qu'on rencontre souvent en empreintes dans les schistes dévoniens des bords du Rhin, a été prise quelquefois pour l'*O. calligramma*, et a pu induire en erreur sur l'âge des couches de cette contrée. Quand on la trouve avec les deux valves, comme en Bretagne ou en Amérique, on peut se convaincre, qu'à la différence des Orthis, la valve ventrale est concave et profondément enfoncée dans la valve opposée.

Explication des figures. — Pl. IV, fig. 9, individu adulte vu du côté de la valve ventrale ; fig. 9 *b*, le même, vu de profil ; fig. 9 *c*, valve ventrale vue à l'intérieur.

4. ORTHIS PUNCTATA, nob., pl. IV, fig. 8.

Coquille petite, obronde et épaisse, ornée de stries fines et dichotomes qui sont séparées par des sillons au fond desquels on voit des petits points enfoncés à bords arrondis. Valve dorsale très convexe ; aréa élevée, légèrement recourbée ; ouverture triangulaire très large sans deltidium pour la fermer. Valve ventrale un peu moins bombée que la valve opposée, munie d'une aréa moins haute et peu recourbée.

Rapports et différences. — Au premier abord cette espèce rappelle l'*O. connivens,* Phill., qui, elle-même, n'est probablement que le jeune âge de l'*O. resupinata ;* mais on l'en distingue facilement à l'absence de courbure du front qui est horizontal, et au peu de courbure du crochet de la valve ventrale. Dans l'*O. connivens,* cette courbure est telle que l'aréa de la valve ventrale se trouve dans le plan de l'axe longitudinal de la coquille. Vue à la loupe, cette espèce se distingue d'une manière encore plus tranchée par les points enfoncés qui ornent les sillons et qui rappellent le genre d'ornement des Porambonites de M. Pander dont nous avons fait le groupe anormal des *Spirifer æquirostres* (1). En effet les *Spirifer rotundus* et *æquirostris* de Russie présentent la même ponctuation que notre *Orthis punctata* de Gothland. M. Barrande a observé aussi quelque chose d'analogue sur la surface d'une Térébratule de Bohême, la *T. hamifera. (Silur. Brach. aus Boehmen,* pl. 20, fig. 9.)

Gisement et localités. — Calcaire silurien supérieur de Gothland. Cette espèce est si rare que nous n'en avons trouvé qu'un seul échantillon.

Explication des figures. — Pl. IV, fig. 8 *a,* individu de grandeur naturelle vu du côté de la valve ventrale. Fig. 8 *b,* le même vu du côté opposé. Fig. 8 *c,* le même vu du côté des crochets.

5. ORTHIS BILOBA, Linné, sp., pl. IV, fig. 10.

Spirifer sinuatus, cardiospermiformis et varica , auct.

Cette forme, l'une des plus remarquables parmi les bra-

---

(1) *Géol de la Russie d'Europe ,* vol. II, p. 128.

chiopodes, est aussi, comme l'on sait, l'une des plus caractéristiques de l'étage supérieur du système silurien. Les individus
recueillis en Norwége, en Angleterre et aux États-Unis n'offrent pas la plus légère différence ; mais dans l'île de Gothland
il existe une variété bien distincte que nous avons cru devoir
figurer ici.

Elle est oblongue, recourbée dans sa longueur et plus profondément découpée que le type de l'espèce. Ce n'est cependant pas une espèce à part, ainsi qu'on peut s'en convaincre
par les passages graduels qu'offrent certains échantillons.

Gisement et localités. — Calcaire silurien supérieur de l'île
de Gothland.

Explication des figures. — Pl. IV, fig. 10 *a*, individu adulte
vu du côté de la valve ventrale. Fig. 10 *b*, le même vu de
profil.

6. SPIRIFER MARKLINI, nob., pl. IV, fig. 12.

Coquille très renflée, subquadrangulaire ; ligne cardinale
courte, coupée carrément aux extrémités ; arêtes latérales sub-
parallèles ; surface ornée de stries très fines, analogues à celles
des *Orthis* en général. Valve dorsale très bombée, partagée par
un sinus profond ; aréa limitée par des arêtes obtuses, ouverture triangulaire fermée en grande partie par un deltidium et
libre seulement à la base (1). Valve ventrale moins bombée que
la valve dorsale, pourvue d'un bourrelet très prononcé, aplati
et même un peu déprimé vers le milieu.

Rapports et différences. — Cette espèce appartient à un
groupe de *Spirifer* remarquables par la finesse de leurs stries
et qui, à très peu d'exceptions près (2), sont propres à l'étage
supérieur du système silurien. Les types de ce groupe sont les
S. trapezoidalis et *cyrtæna*. Le nôtre diffère de ce dernier
par sa forme moins transverse, plus ramassée et par sa plus
grande épaisseur. Il ne présente pas la moindre trace des

---

(1) Dans le *Spirifer cyrtæna*, voisin de notre espèce, l'ouverture
est aussi en partie fermée, et dans le *S. trapezoidalis* elle l'est complétement. Le genre *Cyrtia*, établi pour ce dernier, ne peut donc être
conservé, car il y a tant d'analogie entre les *Spirifer cyrtæna* et *trapezoidalis*, que M. Salters nous a dit qu'il les considérait comme ne
faisant qu'une même espèce.

(2) Le *S. mesastrialis* des couches dévoniennes d'Amérique (*por-
tage group*) est la seule exception que nous connaissions.

côtes qui dans le *S. cyrtæna* se voient au-dessous des stries ou se devinent aux ondulations festonnées des bords de la coquille. Nous la dédions à l'un des plus infatigables collecteurs de fossiles de la Suède, M. Marklin. Si notre mémoire est fidèle, nous avons vu cette coquille dans sa collection sous le *nom de S. cataracta;* mais nous n'en sommes pas assez sûr pour le lui laisser.

Gisement et localités. — L'échantillon figuré provient du calcaire silurien supérieur de l'île de Gothland, où nous l'avons trouvé en 1845.

Explication des figures. — Pl. IV, fig. 12 *a*, individu adulte vu du côté de la valve ventrale. Fig. 12 *b*, le même vu du côté du front.

7. Spirifer Barrandi, nob., pl. IV, fig. 11.

Coquille transverse, arrondie aux extrémités latérales; ligne cardinale moindre que la plus grande largeur de la coquille; surface ornée de quatre côtes dichotomes de chaque côté du bourrelet. Ces côtes ainsi que les sillons qui les séparent sont recouvertes de stries longitudinales très fines comme dans l'espèce précédente. Valve dorsale assez bombée, crochet un peu recourbé; aréa élevée et triangulaire; ouverture triangulaire libre, offrant néanmoins sur les bords des portions de lame calcaire qui semblent indiquer qu'il y avait un deltidium.

Rapports et différences. — Cette espèce appartient au même groupe que la précédente, groupe que, dans notre ouvrage sur la Russie, nous avons appelé *costato-strié*, à cause de la réunion fréquente de ces deux sortes d'ornements. Elle rappelle beaucoup le *S. interlineatus*, dont elle se distingue toutefois par ses côtes dichotomes. M. Barrande a découvert en Bohême une espèce assez voisine de celle que nous lui dédions et qu'il a nommée *S. viator*. Si, grâce à sa riche collection, notre savant ami parvient à s'assurer que l'espèce de Bohême est la même que la nôtre, il voudra bien, j'espère, lui conserver un nom qui aura la priorité de publication et qui est un témoignage de l'estime que nous lui portons.

Gisement et localités. — Calcaire silurien supérieur de l'île de Gothland.

Explication des figures. — Pl. IV, fig. 11 *a*, individu vu du côté de la valve ventrale. Fig. 11 *b*, le même vu du côté du front.

8. **Terebratula bicarinata**, Angelin, pl. IV, fig. 13.

Coquille très petite, allongée ; valve dorsale très bombée en forme de bateau, divisée au milieu par un léger sillon qui forme comme deux carènes ; crochet petit et non perforé, l'ouverture se trouvant probablement au-dessous ; valve ventrale très peu épaisse, relevant au front la valve dorsale.

Rapports et différences. — Cette petite coquille rappelle tout à fait la forme de la *T. navicula*, Sow., où, à l'inverse de la plupart des Térébratules, le front dessine une courbe dont la convexité est tournée vers la valve dorsale. C'est aussi la forme des *T. lepida* et *Barrandi*, dont notre espèce se distingue par l'absence de plis sur les côtés. Le petit pli médian est au contraire ce qui la différencie de la *T. navicula*, qui est d'ailleurs plus grande.

Gisement et localités. — Calcaire silurien supérieur de l'île de Gothland. Elle nous a été envoyée par M. Angelin sous le nom que nous lui laissons.

Explication des figures. — Pl. IV, fig. 13 *a*, individu légèrement grossi vu du côté de la valve ventrale. Fig. 13 *b*, le même vu du côté opposé. Fig. 13 *c*, le même vu du côté du front. Fig. 13 *d*, longueur véritable de la coquille.

Liste des brachiopodes du système silurien supérieur
de l'île de Gothland.

Terebratula tumida, Dalm.	— *Wilsoni*, Sow. = *T. lacunosa*, Linné.
— *prunum*, id.	— *pentagona*, Sow. in Murch.
— *compressa* (1), Sow. in Murch.	— *Pomeli*, Davidson.
— *nitida*, Hall (2).	— *deflexa*, Sow. in Murch.
— *didyma*, Dalm (3).	— *marginalis*, Dalm.
— *plicatella*, id.	— *reticularis*, id.
— *cuneata*, id.	— *aspera*, id.
— *diodonta*, id.	— *bicarinata*, Angel.
— *bidentata*, Hising.	

(1) Cette espèce se trouve aussi en Bohême et en Angleterre.

(2) Cette coquille a un trou rond à la pointe du crochet, et possède des spires horizontales, comme dans la *T. tumida* et dans les espèces du groupe des *concentricæ*. Elle se trouve communément en Amérique dans les couches du groupe de Niagara, parallèles à celles de Dudley et de Gotbland.

(3) Elle se distingue de la précédente, à laquelle elle ressemble d'ailleurs, par le crochet entier et l'ouverture placée en dessous.

Pentamerus conchidium, Dalm.
— *galeatus*, id.
Spirifer cyrtæna, id.
— *interlineatus*, Sow. in Murch.
— *Marklini*, Vern.
— *Barrandi*, id.
— *trapezoidalis*, Dalm.
— *sulcatus*, id.
— *crispus*, Sow.
— *elevatus*, Dalm. = *S. spurius*, Barr.
— *ptychodes*, id.
— *multisulcatus* (*Cardium* id., His.).
— *pisum*, Sow.
Orthis elegantula, Dalm.
— *basalis*, id.
— *hybrida*, Sow. in Murch.

— *rustica?* id.
— *punctata*, Vern.
— *pecten*, Linné.
— *Davidsoni*, Vern.
— *biloba*, Linné.
— *biforata* (1), = *Spir. subsulcatus*, Hising.
Leptæna euglypha, Dalm.
— *funiculata*, Davids.
— *imbrex* (2), Pand.
— *transversalis*, Dalm.
— *Fletcheri*, Davids.
— *lepisma*, Dalm.
— *Loveni*, Vern.
— *depressa*, Sow.
— *enigma*, Vern.
Chonetes striatella (*Orthis*, Dalm).

Note sur quelques espèces de Leptæna *à crochet perforé.*

Les coquilles que, dans notre ouvrage sur la Russie, nous avons rangées dans le genre *Leptæna* offrent toutes à la charnière une ouverture triangulaire fermée par un deltidium. La pièce unique qui clôt ainsi l'ouverture diffère du deltidium des Térébratules en ce qn'elle se forme d'abord près du crochet et descend en s'accroissant vers la ligne cardinale. Dans un grand nombre d'espèces, le deltidium est complet et paraît avoir intercepté le passage à tout muscle d'attache; dans quelques autres il reste assez d'espace entre le deltidium et la charnière pour supposer qu'un muscle y ait pu passer. Dans la plupart, remarquons-le bien, le crochet est entier; mais il existe certaines espèces semblables en tout aux précédentes, et où le crochet, au contraire, est percé d'une très petite ouverture. Nous croyons avoir été le premier à signaler ce détail d'organisation à l'occasion du *Leptæna alternata* (3). Le fait excita d'abord quelque incré-

---

(1) Les échantillons de Gothland se rapprochent de la variété connue sous le nom de *Spirifer dentatus*, qui se trouve dans le système silurien inférieur de Saint-Pétersbourg.

(2) C'est la variété arrondie qui se trouve en Bohême et en Angleterre, et qui est extrêmement rare dans le terrain silurien inférieur.

(3) *Géolog. de la Russie d'Europe*, vol. II, p. 225.

dulité, mais son exactitude fut bientôt reconnue par M. King sur quelques échantillons du *Leptæna analoga* du terrain carbonifère du Northumberland et du *L. rugosa* ou *depressa* de l'Eifel (1), espèces où toutefois cette ouverture existe bien plus rarement que dans le *L. alternata*. Depuis lors, le nombre des *Leptæna* à crochet perforé s'est accru, et M. d'Orbigny, dans son travail d'ensemble sur les brachiopodes (2), leur a spécialement appliqué le nom de *Strophomène* qui, pour Rafinesque son auteur, comprenait un grand nombre des espèces que nous appelons aujourd'hui *Leptæna*. M. d'Orbigny a-t-il eu raison de former un genre à part des *Leptæna* à crochet perforé, quand nous voyons, d'une part, que cette petite ouverture n'est pas constante et se ferme avec l'âge, et de l'autre, qu'elle n'entraîne aucune modification dans la forme extérieure ni dans l'organisation intérieure de la coquille? Sans vouloir entrer aujourd'hui dans la discussion de cette question, nous avons cru qu'il serait utile de faire connaître quatre espèces que nous possédons et qui appartiennent à ce groupe intéressant. Nous avons donc profité de l'obligeance de M. Davidson pour les faire figurer dans le *Bulletin*. Nous y avons ajouté un *Leptæna* d'Amérique à crochet non perforé, le *L. planumbona*, afin de montrer quelle analogie dans la structure interne cette espèce présente avec d'autres où le crochet est perforé. Que l'on compare en effet la valve dorsale de cette coquille à celle des *Leptæna scabrosa* et *antiquata* (1), et sa valve ventrale à celle des *L. Loveni* et *alternata*, et que l'on juge si les différences à peine sensibles observées entre ces espèces permettent de les placer dans deux genres différents. Que l'on compare également la valve ventrale du *L. alternata*, espèce à crochet perforé, avec celle du *L. imbrex*, figurée par M. Davidson et celle du *L. latissima* de Ferques où au contraire le crochet est entier, et nous croyons qu'on restera convaincu que ce caractère a trop peu d'importance pour en faire le fondement d'un genre nouveau dans les brachiopodes.

Le nombre des espèces qui composent le petit groupe qui nous occupe et qui jusqu'ici avait à peine attiré l'attention s'élève à 9. Ce sont les *Leptæna alternata*, *L. planoconvexa*, *L. sulcata*, *L. Loveni*, *L. antiquata*, *L. scabrosa*, *L. analoga*,

---

(1) *Annals and Magaz. of natural history*, juillet 1846, p. 38.
(2) *Comptes-rendus de l'Acad. des sc.*, vol. XXXV, 5 août 1847.

L. rugosa ou *depressa, L. tenuistriata* (1). Nous allons les décrire succinctement.

1. Leptæna alternata, pl. IV, fig. 1.

Leptæna alternata, Conrad.; Vern. et Keys., *Géol. de la Russie d'Europe*, pl. XIV, fig. 6 ; J. Hall, *Palæont. of New-York*, pl. XXXI, fig. 1 ; pl. XXXI A, fig. 1.

Coquille très plate, ornée de stries inégales, les plus fortes étant séparées par deux ou trois stries fines et présentant d'ailleurs à cet égard beaucoup d'irrégularité. Valve dorsale convexe; aréa peu élevée; deltidium fermant en grande partie l'ouverture triangulaire, mais pas complétement. Crochet percé d'une ouverture ronde très petite. Charnière composée de deux dents cardinales écartées formées par le prolongement des bourrelets qui séparent l'aréa du deltidium, et comprenant entre elles les deux dents de la valve opposée. Deux larges impressions musculaires partent de ces dents et occupent la moitié de la coquille; elles sont séparées par une saillie plus ou moins prononcée. Valve ventrale concave, munie de deux dents cardinales en palettes, rapprochées, d'où naissent deux bourrelets demi-circulaires qui entourent des impressions assez profondes séparées par une côte médiane. Ces diverses saillies ont la forme d'une ancre. Le bord de la valve est tranchant et finement strié; il s'élève à l'intérieur en un large bourrelet couvert de granulations ou de petits tubercules en forme de gouttelettes comme dans les *Productus*.

Rapports et différences. — Cette coquille, qui est une des plus abondantes en Amérique, prend des formes très variables et a reçu plusieurs noms dans les collections. L'ouverture du crochet y est assez constante ; mais cependant elle se ferme et disparaît dans les vieux individus. La valve ventrale offre à l'intérieur la même structure que dans le *Leptæna imbrex* et le *L. latissima* de Ferques qui n'ont jamais le crochet perforé.

Gisement et localités. — Cette espèce, une des plus caractéristiques du calcaire de Trenton en Amérique, se trouve presque partout où affleurent les couches de cet âge, depuis l'État de New-York jusqu'au Mississipi. Le calcaire de Trenton

(1) M. Dadvidson nous écrit que l'espèce du lias qu'il a décrite sous le nom de *L. liasiana* (*Ann. of nat. hist.*, 1847, pl. XVIII, f. 2), doit aussi être rangée dans ce groupe.

est, comme on sait, l'équivalent du système silurien inférieur de l'Europe.

Explication des figures. — Pl. IV, fig. 1 *a*, valve dorsale vue à l'intérieur. Fig. 1 *b*, valve ventrale. Fig. 1 *c*, individu complet ayant les deux valves réunies.

2. Leptæna planoconvexa, pl. IV, fig. 2.

Leptæna planoconvexa, J. Hall, *Palæont. of New-York*, vol. I, p. 114, pl. XXXI B, fig. 7.

Coquille plate, ornée de stries dichotomes, fines et non alternes, comme dans la précédente. Valve dorsale plate, aréa surbaissée; ouverture triangulaire complétement fermée par le deltidium. Crochet présentant une petite ouverture ronde au sommet. Valve ventrale légèrement bombée; aréa presque nulle; au deltidium de la valve dorsale correspond un bourrelet qui ferme hermétiquement la coquille sur ce point.

Rapports et différences. — Par la forme légèrement bi-convexe de ses valves, cette espèce se rapproche des *Orthis*; mais elle s'en distingue toutefois par son peu d'épaisseur et par la petite ouverture ronde du crochet que nous ne connaissons dans aucune *Orthis*. Cette ouverture entame plus le crochet que le deltidium.

Gisement et localités. — Cette coquille appartient, comme la précédente, au système silurien inférieur d'Amérique, et se trouve principalement dans les argiles et calcaires bleus de l'Ohio, près Cincinnati. Nous n'avons pas pu trouver de valves isolées.

Explication des figures. — Pl. IV, fig. 2 *a*, individu complet vu du côté de la valve ventrale. Fig. 2 *b*, le même vu de l'autre côté. Fig. 2 *c*, le même vu de profil.

3. Leptæna sulcata, nob., pl. IV, fig. 4.

Coquille plate, subquadrangulaire, ornée de stries fines et dichotomes comme la précédente. Valve dorsale légèrement bombée, offrant vers le front un sinus prononcé qui relève le bord de la valve ventrale. Aréa triangulaire surbaissée. Ouver-ture large, fermée par un deltidium complet. Crochet percé d'un petit trou rond. Valve ventrale légèrement bombée; aréa presque nulle, présentant, vis-à-vis du deltidium de la valve opposée, une saillie qui ferme toute communication du dedans au dehors. Malheureusement l'intérieur des valves nous est inconnu.

Rapports et différences. —Extrêmement voisine de la précédente, cette espèce n'en diffère que par son contour général et par le sinus de la valve dorsale. Ce sinus est constant, et l'a fait distinguer, dans la plupart des collections d'Amérique où nous l'avons vue, sous le nom que nous lui donnons ici.

Gisement et localités. — Le *L. sulcata* se trouve avec l'espèce précédente dans le calcaire bleu des États d'Ohio et d'Indiana. Ce calcaire, comme celui de Trenton, appartient au système silurien inférieur.

Explication des figures. — Pl. IV, fig. 4 *a*, individu adulte vu du côté de la valve ventrale. Fig. 4 *b*, le même, vu du côté opposé. Fig. 4 *c*, le même, vu de profil.

4. Leptæna Loveni, nob.

Dans cette espèce, qui est déjà décrite plus haut, page 339, la petite ouverture ronde placée au sommet du crochet est si régulière, qu'elle ne peut être confondue avec une cassure accidentelle. Les deux petites dents de la valve ventrale ont exactement la même forme que dans le *L. planumbona*, dont le crochet est entier. Elle provient des couches siluriennes supérieures de Gothland.

5 et 6. Leptæna antiquata et scabrosa, Davidson.

Voir page 318 les figures et la description de ces espèces.

7 et 8. Leptæna analoga et depressa.

M. King et M. Davidson assurent avoir vu quelques échantillons de ces deux espèces avec une petite perforation au crochet.

9. Leptæna tenuistriata, Sow. in Murch.

Cette espèce a été primitivement établie pour des coquilles extrêmement voisines du *L. depressa*, mais qui appartiennent aux couches siluriennes inférieures du pays de Galles. Elle a été retrouvée dans les dépôts contemporains de l'Amérique du Nord. C'est sur ces échantillons que j'ai vu une petite ouverture ronde placée à la pointe du crochet. M. J. Hall, dans sa *Paléontologie de New-York*, l'a figurée avec ce caractère.

10. LEPTÆNA PLANUMBONA, pl. IV, fig. 3.

Leptœna planumbona, Hall, *Palœont. of New-York*, vol. I, p. 112, pl. XXXI B, fig. 4.

Coquille semi-circulaire, ornée de stries fines dichotomes, quelquefois séparées par des stries plus fines. Quand la coquille est bien conservée, on y distingue encore quelques stries concentriques très fines. Ligne cardinale droite légèrement déviée aux deux extrémités. Valve dorsale concave; aréa peu élevée; ouverture triangulaire très large, fermée par un deltidium convexe. *Crochet non perforé à l'extrémité.* Valve ventrale légèrement déprimée près du crochet, élevée et très convexe vers le milieu, pourvue d'une très petite aréa et d'un deltidium.

Nous possédons des valves isolées très bien conservées, et qui sont d'autant plus intéressantes ici qu'elles nous montrent le rapport qui existe entre cette espèce à crochet entier avec d'autres où il est perforé. Ainsi la valve dorsale du *L. planumbona*, avec ses impressions musculaires profondes, entourées d'un rebord demi-circulaire, saillant, et séparées par une arête médiane, rappelle tout à fait la structure des *L. scabrosa*, *antiquata* et *depressa*, qui, ainsi que nous venons de le voir, ont quelquefois une petite ouverture au crochet.

Quant à la valve ventrale, elle présente à peu près la même structure que dans les *Leptœna alternata* et *imbrex*, deux espèces dont l'une a le crochet perforé et l'autre ne l'a pas. En effet, deux petites dents en forme de palettes se placent sous le deltidium de la valve dorsale et dans l'espace que laissent entre elles les deux dents écartées de celle-ci. Au-dessous s'élève une saillie en forme d'ancre, ayant une branche médiane droite et deux branches latérales recourbées. La principale différence qui distingue cette espèce du *L. alternata*, c'est la petitesse et la forme des deux dents de la valve ventrale, qui rappellent tout à fait celles du *L. Loveni*.

Rapports et différences. — Cette espèce n'appartient pas au groupe des *Leptœna* à crochet perforé, et nous ne l'avons figurée ici que comme objet de comparaison. Les ressemblances qu'elle offre d'un côté avec les *Leptœna antiquata*, *scabrosa* et *depressa*, et de l'autre avec les *Leptœna alternata*, *Loveni* et *imbrex*, qui toutes, à l'exception de la dernière, ont très souvent le crochet perforé, nous paraissent de nature à jeter une vive lumière sur le rôle et le peu d'importance de l'ouverture sur laquelle M. d'Orbigny a établi son genre *Strophomena*.

Gisement et localités. — Cette espèce se trouve dans le calcaire bleu (silurien inférieur) des États d'Ohio et d'Indiana. Elle y est très abondante.

Explication des figures. — Pl. IV, fig. 3 *a*, individu adulte vu du côté de la valve ventrale. Fig. 3 *b*, le même vu du côté de la charnière. Fig. 3 *c*, valve dorsale vue à l'extérieur. Fig. 3 *d*, valve ventrale du même.

Paris. — Imprimerie de L. Martinet, rue Jacob, 30.

www.ingramcontent.com/pod-product-compliance
Lightning Source LLC
Chambersburg PA
CBHW061255050726
47594CB00004B/1486